Engenharia, Empreendedorismo e Sustentabilidade

Desafios e estratégias para um caminho de sucesso

Patricia Santos

Introdução:

A engenharia civil desempenha um papel fundamental no desenvolvimento e na transformação de nossa sociedade. Ao longo dos anos, os engenheiros civis têm sido responsáveis por projetar e construir infraestruturas vitais, como edifícios, estradas, pontes e sistemas de abastecimento de água.

No entanto, à medida que o mundo se torna mais dinâmico e complexo, surge a necessidade de uma abordagem empreendedora na engenharia civil.

Este livro tem como objetivo explorar o empreendedorismo na engenharia civil e destacar sua importância na indústria.

O empreendedorismo é uma mentalidade que impulsiona a inovação, a busca por novas oportunidades e a criação de soluções criativas para desafios existentes.

Na engenharia civil, o empreendedorismo desempenha um papel vital no desenvolvimento de negócios bem-sucedidos, na criação de valor e na entrega de projetos de excelência.

O principal objetivo deste livro é fornecer aos engenheiros civis empreendedores, aspirantes a empreendedores e profissionais da indústria as ferramentas e os conhecimentos necessários para prosperar nesse ambiente em constante evolução.

Ao longo dos capítulos, exploraremos os princípios fundamentais do empreendedorismo na engenharia civil, identificando oportunidades de negócios, elaborando planos estratégicos, obtendo financiamento, gerenciando projetos, implementando estratégias de crescimento e mantendo a ética e a responsabilidade social empreendedora.

A visão geral do livro é fornecer um guia abrangente e prático para o empreendedorismo na engenharia civil.

Por meio de exemplos reais, estudos de caso inspiradores e insights valiosos, você será capacitado a tomar decisões informadas, a desenvolver uma mentalidade empreendedora e a aproveitar as oportunidades emergentes na indústria.

À medida que mergulhamos nas páginas seguintes, convido você a explorar, aprender e aplicar os princípios do empreendedorismo na engenharia civil.

Juntos, descobriremos como transformar desafios em oportunidades, inovação em realidade e ideias em empreendimentos bem-sucedidos.

Fundamentos do Empreendedorismo

Definição de Empreendedorismo

O empreendedorismo pode ser definido como a capacidade de identificar oportunidades, inovar e criar valor por meio da aplicação de recursos e do gerenciamento de riscos.

Na indústria da engenharia civil, o empreendedorismo desempenha um papel crucial no desenvolvimento de negócios bem-sucedidos e na condução de projetos inovadores.

Os engenheiros civis que adotam uma mentalidade empreendedora estão preparados para enfrentar os desafios do mercado em constante evolução.

Eles têm a habilidade de identificar lacunas no mercado, descobrir necessidades não atendidas e encontrar soluções criativas para problemas complexos.

Ao serem empreendedores, os engenheiros civis têm a oportunidade de se destacar no mercado competitivo. Eles podem aproveitar as mudanças tecnológicas e as tendências emergentes para impulsionar a inovação na indústria.

Por exemplo, a adoção de tecnologias como BIM (Modelagem da Informação da Construção), inteligência artificial, realidade virtual e impressão 3D permite que os empreendedores da engenharia civil desenvolvam projetos mais eficientes, reduzindo custos e prazos de entrega.

Além disso, o empreendedorismo na engenharia civil oferece a oportunidade de criar valor para os clientes e a sociedade em geral.

Os engenheiros civis empreendedores podem desenvolver soluções sustentáveis e ambientalmente responsáveis, contribuindo para a construção de um futuro mais sustentável e resiliente.

Eles podem fornecer alternativas inovadoras de construção, infraestrutura e energia, atendendo às necessidades da sociedade e promovendo o desenvolvimento econômico.

No entanto, ser um empreendedor na engenharia civil requer mais do que habilidades técnicas. Os engenheiros civis empreendedores também devem desenvolver habilidades de gestão, liderança, comunicação e negociação para administrar efetivamente seus negócios e projetos.

Eles devem estar dispostos a assumir riscos calculados, aprender com os fracassos e estar sempre abertos a novas oportunidades e desafios.

Em suma, ao adotar uma mentalidade empreendedora, os engenheiros civis podem se posicionar como agentes de mudança e inovação na indústria.

Eles têm a oportunidade de transformar desafios em oportunidades de crescimento, buscando constantemente aprimorar suas habilidades, acompanhar as tendências do setor e buscar soluções criativas e sustentáveis.

O empreendedorismo na engenharia civil permite que os profissionais tenham um impacto significativo, impulsionando o progresso e a evolução da indústria em direção a um futuro promissor.

Papel do Empreendedorismo na Indústria da Engenharia Civil

O empreendedorismo tem um impacto significativo na indústria da engenharia civil. Os empreendedores nesse campo desempenham um papel fundamental ao identificar lacunas no mercado, desenvolver soluções inovadoras e criar empreendimentos lucrativos.

Eles impulsionam a evolução do setor, introduzindo novas abordagens, tecnologias e práticas de gestão que promovem a eficiência, a sustentabilidade e a excelência nos projetos e na construção.

Os empreendedores na engenharia civil têm a capacidade única de responder às necessidades em constante mudança da sociedade.

Eles estão atentos aos desafios enfrentados pela indústria e buscam soluções sustentáveis, eficientes e socialmente responsáveis.

Por exemplo, diante das demandas por construções mais sustentáveis, os empreendedores na engenharia civil têm desenvolvido técnicas de construção verde, como o uso de materiais de baixo impacto ambiental, a implementação de sistemas de energia renovável e a adoção de práticas de reutilização e reciclagem de materiais.

Além disso, os empreendedores na engenharia civil estão na vanguarda da inovação tecnológica. Eles buscam constantemente maneiras de melhorar a eficiência e a qualidade dos projetos, utilizando ferramentas como a modelagem da informação da construção (BIM), a realidade virtual, a inteligência artificial e a automação.

Essas tecnologias disruptivas permitem que os empreendedores otimizem os processos de construção, reduzam custos, minimizem riscos e melhorem a precisão dos projetos.

Exemplos de empreendimentos bem-sucedidos na engenharia civil incluem a criação de empresas de construção especializadas, como empresas focadas em projetos de infraestrutura, construção sustentável, restauração de patrimônio histórico ou tecnologias específicas.

Além disso, há casos em que os empreendedores desenvolveram tecnologias disruptivas para melhorar a eficiência da construção, como sistemas de monitoramento em tempo real, drones para inspeção de obras, softwares de gerenciamento de projetos e soluções digitais para colaboração em equipe.

Esses exemplos demonstram o impacto positivo que o empreendedorismo pode ter na indústria da engenharia civil.

Os empreendedores impulsionam o progresso e a inovação, elevando os padrões de qualidade, eficiência e sustentabilidade.

Eles não apenas enfrentam os desafios existentes, mas também antecipam as necessidades futuras da sociedade, contribuindo para um ambiente construído mais inteligente, seguro, sustentável e resiliente.

Ao criar empreendimentos lucrativos e soluções inovadoras, os empreendedores na engenharia civil não apenas impulsionam o desenvolvimento da indústria, mas também contribuem para o crescimento econômico e social.

Sua capacidade de identificar oportunidades, assumir riscos calculados e criar valor tem um impacto duradouro, beneficiando tanto os profissionais da área quanto a sociedade como um todo.

Características e Habilidades do Empreendedor

Ser um empreendedor bem-sucedido na engenharia civil requer uma combinação única de características e habilidades.

Aqui está uma exploração mais aprofundada das características essenciais e habilidades necessárias:

Criatividade: Um empreendedor na engenharia civil precisa ter a capacidade de pensar de forma inovadora e encontrar soluções únicas para problemas complexos. Isso envolve pensar fora da caixa, buscar abordagens não convencionais e explorar novas possibilidades para melhorar projetos e processos.

Determinação: A resiliência e a persistência são essenciais para enfrentar desafios e superar obstáculos que podem surgir ao longo do caminho.

O empreendedor deve ser capaz de lidar com incertezas, adversidades e fracassos, aprendendo com eles e seguindo em frente com determinação.

Orientação para resultados: Um empreendedor na engenharia civil precisa ter um forte foco em alcançar metas e gerar resultados positivos.

Isso implica definir objetivos claros, estabelecer indicadores de desempenho, acompanhar o progresso e adotar medidas corretivas quando necessário.

Liderança: A capacidade de inspirar e influenciar outras pessoas é fundamental para um empreendedor na engenharia civil.

Isso envolve habilidades de liderança, como a capacidade de comunicar uma visão inspiradora, motivar a equipe, delegar tarefas e tomar decisões assertivas.

Visão estratégica: Um empreendedor deve ter uma visão clara do futuro e ser capaz de identificar oportunidades, antecipar tendências e desenvolver planos estratégicos para alcançar seus objetivos.

Isso requer uma compreensão profunda do mercado, das necessidades dos clientes e das tendências da indústria.

Habilidade de comunicação: A capacidade de transmitir ideias e informações de forma clara e eficaz é fundamental para um empreendedor na engenharia civil.

Isso envolve habilidades de comunicação verbal e escrita, bem como a capacidade de se adaptar ao público e transmitir mensagens complexas de forma compreensível.

Além das características mencionadas acima, os empreendedores na engenharia civil devem possuir habilidades de gestão de negócios.

Isso inclui a capacidade de tomar decisões informadas com base em análises de mercado e dados, gerenciar riscos de forma proativa, estabelecer parcerias estratégicas com outras empresas e profissionais do setor, além de desenvolver um bom entendimento dos aspectos financeiros e legais do empreendimento.

É importante ressaltar que as características e habilidades empreendedoras podem ser desenvolvidas ao longo do tempo por meio de experiências, aprendizado contínuo e busca ativa por desenvolvimento pessoal e profissional.

Desenvolvimento de uma Mentalidade Empreendedora

Desenvolver uma mentalidade empreendedora na engenharia civil requer a adoção de certos hábitos e atitudes que promovam a busca por oportunidades, a disposição para correr riscos e a resiliência diante dos desafios.

Aqui estão alguns aspectos a serem considerados:

Abertura a novas ideias: Um empreendedor na engenharia civil deve estar aberto a novas ideias e abordagens.

Isso implica em questionar o status quo, buscar constantemente soluções inovadoras e explorar diferentes perspectivas para resolver problemas.

Proatividade na busca por oportunidades: É essencial para um empreendedor estar sempre atento a oportunidades de negócios na indústria da engenharia civil.

Isso envolve a busca ativa por informações sobre o mercado, as demandas dos clientes, as tendências emergentes e as possíveis lacunas a serem preenchidas.

Disposição para correr riscos calculados: O empreendedorismo envolve assumir riscos, mas é importante que sejam riscos calculados e fundamentados em análises de mercado e perspectivas futuras.

Isso requer coragem para tomar decisões e implementar ideias inovadoras, mesmo diante da incerteza.

Resiliência diante de adversidades: Os empreendedores na engenharia civil podem enfrentar obstáculos e fracassos ao longo do caminho.

Ser resiliente é fundamental para superar essas adversidades, aprender com os erros e seguir em frente com determinação.

Além disso, é crucial que os engenheiros civis empreendedores estejam atualizados sobre as tendências do setor, as tecnologias emergentes e as demandas do mercado.

Isso pode ser alcançado por meio de participação em redes profissionais, mentorias, leitura de livros e artigos relacionados ao empreendedorismo na engenharia civil, além de participação em eventos da indústria, como conferências e feiras.

A busca por aprendizado contínuo também é essencial. Engenheiros civis empreendedores devem buscar oportunidades de aprimoramento profissional, como cursos, workshops e programas de desenvolvimento específicos para a engenharia civil.

Isso permite a aquisição de novas habilidades, a atualização de conhecimentos e a expansão da rede de contatos profissionais, contribuindo para o desenvolvimento da mentalidade empreendedora.

Ao adotar esses hábitos e atitudes, os engenheiros civis podem desenvolver uma mentalidade empreendedora que os capacita a identificar oportunidades, inovar e criar valor na indústria da engenharia civil.

Superando o Medo do Fracasso

O medo do fracasso é uma emoção comum que afeta empreendedores, incluindo aqueles na engenharia civil.

No entanto, é fundamental compreender que o fracasso faz parte do processo empreendedor e pode ser uma oportunidade valiosa para aprendizado e crescimento.

Aqui estão alguns pontos a serem considerados:

Aceitação do fracasso como parte do caminho empreendedor: O fracasso faz parte do processo de empreender, e é importante entender que não é um sinal de derrota ou incompetência.

Muitos empreendedores de sucesso enfrentaram falhas em algum momento de suas jornadas. Ao abraçar o fracasso como uma parte inevitável do caminho para o sucesso, os engenheiros civis empreendedores podem superar o medo associado a ele.

Aprendizado e crescimento através do fracasso: Cada fracasso traz consigo lições valiosas. Ao analisar as causas do fracasso, os engenheiros civis empreendedores podem identificar áreas para melhorar, corrigir erros e ajustar suas estratégias.

O fracasso pode fornecer insights sobre o que funciona e o que não funciona, levando a uma abordagem mais informada e bem-sucedida no futuro.

Exemplos inspiradores de superação: Estudar exemplos de empreendedores que enfrentaram desafios e superaram fracassos pode fornecer motivação e inspiração para os engenheiros civis empreendedores.

Através dessas histórias, é possível compreender que os obstáculos fazem parte do caminho e que é possível superá-los com determinação, resiliência e aprendizado contínuo.

Apoio e orientação: Ter uma rede de apoio e mentoria pode ser fundamental para enfrentar o medo do fracasso.

Compartilhar experiências com outros empreendedores, buscar conselhos de profissionais experientes e receber orientação podem ajudar a superar o medo e fornecer um suporte emocional necessário durante os momentos difíceis.

Ao adotar uma mentalidade de aprendizado contínuo, compreender que o fracasso é uma parte natural do processo empreendedor e buscar exemplos inspiradores de superação, os engenheiros civis empreendedores podem superar o medo do fracasso e se sentir mais confiantes em enfrentar desafios em sua jornada empreendedora.

O Papel da Educação e do Aprendizado Contínuo

A educação desempenha um papel crucial no desenvolvimento de empreendedores na engenharia civil, pois oferece as bases necessárias para a compreensão dos princípios de negócios, gestão, liderança e empreendedorismo.

Aqui estão alguns aspectos a serem considerados ao aprofundar essa ideia:

Conhecimento técnico como base: A educação em engenharia civil fornece os fundamentos técnicos necessários para os engenheiros atuarem na indústria.

É importante ter um sólido conhecimento em áreas como estruturas, geotecnia, transporte, hidráulica, entre outras disciplinas essenciais para o trabalho em projetos de engenharia civil.

O conhecimento técnico é a base sobre a qual os empreendedores na engenharia civil podem construir suas habilidades empreendedoras.

Busca de conhecimento em negócios e empreendedorismo: Além do conhecimento técnico, é fundamental buscar oportunidades de aprendizado relacionadas a negócios, gestão, liderança e empreendedorismo.

Programas acadêmicos específicos para empreendedorismo ou disciplinas relacionadas a negócios podem ser uma opção, oferecendo uma compreensão mais ampla dos princípios de negócios e das estratégias empreendedoras.

Recursos de aprendizado: Além dos programas acadêmicos, há uma ampla gama de recursos de aprendizado disponíveis, como cursos online, treinamentos e certificações.

Esses recursos podem abranger tópicos específicos, como gerenciamento de projetos, estratégias de marketing, finanças empresariais, entre outros aspectos relevantes para a vida empreendedora.

O aprendizado contínuo e o aprimoramento das habilidades empreendedoras são essenciais para o sucesso dos empreendedores na engenharia civil.

Participação em eventos da indústria: A participação em conferências, seminários e workshops da indústria da engenharia civil é uma maneira valiosa de se manter atualizado sobre as últimas tendências, inovações e oportunidades de negócios.

Esses eventos oferecem a oportunidade de aprender com especialistas, compartilhar experiências com outros profissionais empreendedores e estabelecer contatos e parcerias importantes.

Ao combinar o conhecimento técnico com uma educação empreendedora, os engenheiros civis têm uma base sólida para se destacar no empreendedorismo na engenharia civil.

A busca de conhecimentos em negócios, gestão e empreendedorismo, juntamente com a participação em eventos da indústria, proporciona uma visão mais ampla e as ferramentas necessárias para enfrentar os desafios e aproveitar as oportunidades no mercado empreendedor.

Identificação de Oportunidades de Negócios na Engenharia Civil

Identificação de Lacunas no Mercado

Na indústria da engenharia civil, identificar lacunas no mercado é uma habilidade essencial para os empreendedores, pois isso lhes permite encontrar oportunidades de negócios promissoras e inovadoras.

Para desenvolver uma compreensão mais profunda sobre as lacunas existentes, os empreendedores precisam realizar uma análise abrangente do mercado, compreender as necessidades dos clientes e identificar áreas que não estão sendo atendidas de forma adequada.

A seguir, exploraremos com mais detalhes cada uma dessas etapas:

Análise de mercado: A análise de mercado envolve a coleta e a interpretação de informações relevantes sobre a indústria da engenharia civil.

Os empreendedores devem examinar de perto as tendências, os padrões de consumo, as mudanças regulatórias e os desenvolvimentos tecnológicos que impactam o setor.

Isso pode ser feito por meio de pesquisas de mercado, análise de relatórios setoriais, participação em eventos da indústria e interações com profissionais do setor.

Essa análise permitirá aos empreendedores obter uma visão abrangente do mercado e identificar áreas com potencial de crescimento.

Compreensão das necessidades dos clientes: Os clientes são a base de qualquer empreendimento bem-sucedido.

Portanto, é essencial que os empreendedores compreendam profundamente as necessidades, os desejos e os desafios enfrentados pelos clientes na área da engenharia civil.

Isso pode ser alcançado por meio de pesquisas de mercado direcionadas, entrevistas com clientes existentes e em potencial, e análise das demandas e tendências emergentes.

Ao compreender as necessidades dos clientes, os empreendedores podem identificar lacunas no mercado que podem ser preenchidas com soluções inovadoras e orientadas para atender a essas demandas específicas.

Identificação de lacunas no mercado: Com base na análise de mercado e na compreensão das necessidades dos clientes, os empreendedores podem identificar lacunas no mercado.

Essas lacunas representam áreas onde a oferta atual de produtos ou serviços é limitada, inadequada ou não está alinhada com as demandas do mercado.

As lacunas podem surgir devido a avanços tecnológicos, mudanças nas regulamentações, novas tendências do setor ou até mesmo falhas nas ofertas existentes.

Ao identificar essas lacunas, os empreendedores podem visualizar oportunidades para desenvolver soluções inovadoras e preencher essas necessidades não atendidas.

Por exemplo, uma lacuna identificada pode ser a falta de soluções sustentáveis na construção civil, à medida que a demanda por práticas ambientalmente amigáveis aumenta.

Os empreendedores podem explorar essa lacuna desenvolvendo materiais de construção sustentáveis, projetando edifícios energeticamente eficientes ou oferecendo serviços de consultoria em sustentabilidade para o setor da construção.

Outra lacuna pode ser a falta de empresas especializadas em tecnologias emergentes, como a construção modular ou a impressão 3D na construção civil.

Os empreendedores podem aproveitar essa oportunidade investindo em pesquisa e desenvolvimento, formando parcerias estratégicas e oferecendo soluções inovadoras nessas áreas.

Ao identificar e preencher essas lacunas, os empreendedores na engenharia civil podem criar negócios inovadores e lucrativos.

Essas soluções podem não apenas atender às necessidades dos clientes, mas também impulsionar o progresso e a evolução da indústria como um todo.

A capacidade de identificar lacunas no mercado é uma habilidade valiosa para os empreendedores, pois permite que eles se destaquem, ofereçam soluções únicas e gerem valor significativo para os clientes e para o setor da engenharia civil como um todo.

Demandas Emergentes e Tendências na Indústria

A indústria da engenharia civil está em constante evolução, impulsionada por demandas emergentes e tendências inovadoras.

Identificar essas demandas e tendências é fundamental para os empreendedores que desejam encontrar oportunidades de negócios lucrativas e se destacar no mercado.

Vamos explorar com mais profundidade algumas dessas demandas emergentes:

Sustentabilidade: A preocupação com a sustentabilidade ambiental tem se tornado cada vez mais relevante na indústria da engenharia civil.

Os empreendedores que atendem a essa demanda emergente estão buscando soluções que reduzam o impacto ambiental da construção civil e promovam práticas mais sustentáveis.

Isso inclui o uso de materiais de construção renováveis e recicláveis, a adoção de tecnologias que melhorem a eficiência energética dos edifícios, a implementação de sistemas de gestão de resíduos e a incorporação de princípios de construção sustentável em projetos.

Essa demanda por sustentabilidade também está impulsionando o desenvolvimento de tecnologias inovadoras na indústria da engenharia civil.

Por exemplo, a utilização de energias renováveis, como a energia solar e eólica, está se tornando mais comum em projetos de infraestrutura.

Além disso, a aplicação de técnicas de construção sustentável, como o uso de sistemas de captação e reuso de água, está ganhando destaque.

Eficiência Energética: A eficiência energética é outra demanda emergente na indústria da engenharia civil.

Com a crescente conscientização sobre a importância de reduzir o consumo de energia e as emissões de carbono, há uma busca por soluções que melhorem a eficiência energética em edifícios, infraestruturas e projetos de engenharia civil.

Isso inclui o uso de sistemas de iluminação eficientes, isolamento térmico avançado, sistemas de controle de energia inteligente e a incorporação de energias renováveis na geração de energia.

Os empreendedores que respondem a essa demanda emergente estão desenvolvendo soluções inovadoras que ajudam a reduzir o consumo de energia e melhorar o desempenho ambiental dos projetos.

Por exemplo, empresas estão desenvolvendo tecnologias de automação predial que otimizam o uso de energia e sistemas de monitoramento inteligente que permitem o gerenciamento eficiente do consumo energético em tempo real.

Infraestrutura Inteligente: Com o avanço da tecnologia, a demanda por infraestrutura inteligente está em constante crescimento.

Esse conceito envolve a incorporação de sistemas avançados, como sensores, redes de comunicação e análise de dados, para melhorar a segurança, a eficiência e a gestão das infraestruturas.

A infraestrutura inteligente utiliza a coleta e análise de dados em tempo real para monitorar o desempenho de estruturas e tomar decisões informadas.

A implementação de sensores em pontes, estradas e edifícios, por exemplo, permite o monitoramento contínuo de sua condição, identificando potenciais problemas e possibilitando uma manutenção preventiva.

Além disso, a infraestrutura inteligente também facilita a gestão eficiente de recursos, como energia, água e transporte, contribuindo para a sustentabilidade e redução de impactos ambientais.

Essa tendência está mudando a forma como as infraestruturas são projetadas, construídas e operadas.

O uso de tecnologias avançadas e análise de dados permite uma maior compreensão dos desafios enfrentados pelas infraestruturas e oferece soluções inovadoras para melhorar seu desempenho e resiliência.

Tendências na indústria

Construção Modular: A construção modular está se tornando uma tendência importante na indústria da engenharia civil.

Essa abordagem envolve a fabricação de componentes de construção em um ambiente controlado, como uma fábrica, e sua montagem no local.

Essa técnica oferece benefícios significativos, como maior eficiência, redução de custos, redução de desperdícios e maior flexibilidade no projeto e na construção.

A construção modular permite a produção em larga escala de componentes padronizados, que podem ser montados de forma rápida e precisa no local de construção.

Além disso, essa abordagem é particularmente vantajosa em projetos com prazos apertados, pois a fabricação off-site e a montagem rápida reduzem o tempo total de construção.

A construção modular também oferece maior flexibilidade, permitindo alterações e adaptações futuras com mais facilidade.

Impressão 3D: A impressão 3D está revolucionando a indústria da construção civil. Essa tecnologia permite a criação de estruturas complexas usando materiais específicos através de camadas sucessivas, oferecendo benefícios como rapidez, eficiência e personalização.

A impressão 3D possibilita a construção de formas arquitetônicas únicas e detalhadas, bem como a produção de componentes pré-fabricados com maior precisão.

Essa tendência traz uma série de benefícios para a indústria da engenharia civil.

A impressão 3D permite a redução de desperdícios de materiais, maior economia de tempo e recursos, e a capacidade de criar estruturas mais complexas e personalizadas.

Além disso, essa tecnologia tem o potencial de melhorar a sustentabilidade, uma vez que pode ser utilizada com materiais mais eco-friendly e reduzir a quantidade de transporte necessário para componentes pré-fabricados.

Mobilidade Urbana: Com o crescimento acelerado das cidades e o aumento da população urbana, a mobilidade urbana se tornou uma questão premente.

A busca por soluções inovadoras e sustentáveis para o transporte nas áreas urbanas tem se intensificado.

A demanda por melhorias na eficiência, segurança e sustentabilidade do transporte urbano impulsiona a procura por soluções como veículos autônomos, compartilhamento de transporte e infraestrutura de transporte inteligente.

Os veículos autônomos têm o potencial de transformar a mobilidade urbana, oferecendo uma alternativa mais eficiente e segura de transporte.

Com a capacidade de operar de forma autônoma, esses veículos podem reduzir congestionamentos, aumentar a segurança no trânsito e melhorar a eficiência energética.

Além disso, o compartilhamento de transporte, por meio de aplicativos e plataformas, está se tornando uma opção cada vez mais popular, permitindo a utilização mais eficiente dos recursos de transporte e reduzindo o número de veículos nas vias.

A infraestrutura de transporte inteligente é outra demanda emergente na indústria da engenharia civil.

Essa abordagem envolve o uso de tecnologias avançadas, como sensores, sistemas de comunicação e análise de dados, para melhorar a gestão e o funcionamento dos sistemas de transporte urbano.

Essa infraestrutura permite monitorar e controlar o tráfego, otimizar o fluxo de veículos, melhorar a segurança nas vias e reduzir a emissão de poluentes.

Digitalização: A digitalização está revolucionando a indústria da engenharia civil.

A adoção de tecnologias digitais está transformando a forma como os projetos são concebidos, construídos e gerenciados.

O uso de ferramentas como a Modelagem da Informação da Construção (BIM) permite a criação de modelos virtuais que integram informações detalhadas sobre o projeto, facilitando a colaboração entre os profissionais envolvidos e melhorando a eficiência na construção.

Além disso, tecnologias como drones, realidade virtual e inteligência artificial têm encontrado aplicações no setor da engenharia civil.

Os drones são utilizados para inspeção de estruturas, levantamento topográfico e monitoramento de obras, oferecendo uma visão mais abrangente e detalhada do ambiente de trabalho.

A realidade virtual permite a visualização imersiva de projetos e a simulação de situações complexas antes da construção física.

A inteligência artificial é utilizada para análise de dados, tomada de decisões e automação de processos.

Essas tecnologias digitais proporcionam maior precisão, eficiência e segurança nos projetos e processos da engenharia civil.

Permitem uma melhor visualização e compreensão dos projetos, reduzem erros e retrabalhos, agilizam a coleta e análise de dados, e possibilitam a adoção de abordagens mais sustentáveis e eficientes.

Ao identificar essas demandas emergentes e tendências na indústria, os empreendedores na engenharia civil têm a oportunidade de desenvolver soluções inovadoras que atendam às necessidades do mercado.

Isso envolve estar atualizado sobre as tecnologias, pesquisas e avanços na área, bem como buscar parcerias estratégicas e investir em capacitação e desenvolvimento de habilidades específicas.

Aqueles que conseguem se adaptar e aproveitar essas tendências têm maiores chances de obter sucesso e se destacar em um mercado competitivo.

Novas Tecnologias e Inovações na Engenharia Civil

As novas tecnologias e inovações estão desempenhando um papel fundamental na transformação da indústria da engenharia civil.

Essas tecnologias estão criando oportunidades sem precedentes para o desenvolvimento de negócios inovadores e disruptivos.

Com o advento de tecnologias como a Modelagem da Informação da Construção (BIM), a Realidade Virtual (RV) e a Realidade Aumentada (RA), os profissionais da engenharia civil têm à disposição ferramentas poderosas para melhorar o processo de concepção, construção e gerenciamento de projetos.

A Modelagem da Informação da Construção (BIM) é uma abordagem inovadora que permite a criação e a gestão de informações digitais detalhadas de um projeto de construção ao longo de todo o seu ciclo de vida.

Com o BIM, é possível integrar dados sobre a geometria, os materiais, os custos, os prazos e outras informações relevantes em um único modelo digital.

Isso facilita a colaboração entre as equipes de projeto, reduz erros e retrabalhos, melhora a comunicação com os stakeholders e permite uma melhor visualização e simulação do projeto antes da construção física.

A Realidade Virtual (RV) e a Realidade Aumentada (RA) são tecnologias que estão se tornando cada vez mais acessíveis e utilizadas na engenharia civil.

A RV cria um ambiente virtual imersivo no qual os usuários podem interagir com modelos 3D de projetos.

Essa tecnologia permite que os engenheiros e os clientes explorem virtualmente o projeto, realizem análises espaciais e identifiquem possíveis problemas ou melhorias.

Por sua vez, a RA combina elementos virtuais com o ambiente físico, sobrepondo informações digitais em tempo real.

Essa tecnologia pode ser utilizada para visualizar projetos em escala real no local de construção, fornecendo orientações precisas para os trabalhadores e facilitando a tomada de decisões no campo.

Drones: Os drones têm se tornado uma ferramenta indispensável na indústria da engenharia civil.

Sua utilização abrange uma ampla gama de aplicações, incluindo inspeção de obras, levantamentos topográficos, monitoramento de projetos, mapeamento de terrenos e muito mais.

A principal vantagem dos drones é a capacidade de realizar tarefas de forma rápida, eficiente e segura, economizando tempo e recursos.

Na inspeção de obras, os drones podem acessar áreas de difícil alcance e capturar imagens de alta resolução, permitindo uma análise detalhada da estrutura e identificação de possíveis problemas.

Além disso, a utilização de drones para levantamentos topográficos proporciona uma coleta de dados precisa e rápida, substituindo métodos tradicionais que demandavam mais tempo e recursos.

Outra aplicação importante dos drones é o monitoramento de projetos em tempo real.

 Com a capacidade de sobrevoar áreas extensas, os drones podem fornecer atualizações precisas sobre o progresso da obra, identificar desvios em relação ao projeto original e auxiliar na tomada de decisões estratégicas.

Internet das coisas: Além dos drones, a Internet das Coisas (IoT) está revolucionando a indústria da engenharia civil.

A IoT consiste na conexão de dispositivos e sensores que coletam e trocam dados entre si. Essa tecnologia tem um enorme potencial na engenharia civil, permitindo o monitoramento contínuo de estruturas, equipamentos e sistemas.

Por exemplo, sensores podem ser instalados em pontes e edifícios para monitorar a saúde estrutural em tempo real, detectando sinais de desgaste, danos ou mudanças nas condições de carga.

Essas informações são essenciais para a tomada de decisões em relação à manutenção preventiva, garantindo a segurança das estruturas e evitando falhas catastróficas.

Além disso, a IoT também pode ser aplicada no gerenciamento de infraestruturas, permitindo a otimização do consumo de energia, a gestão inteligente do tráfego e a monitorização ambiental.

Essas tecnologias oferecem oportunidades significativas para os empreendedores na engenharia civil.

Ao incorporar drones e IoT em seus negócios, eles podem criar soluções inovadoras, melhorar a eficiência dos processos e fornecer serviços diferenciados aos clientes.

No entanto, é importante que os empreendedores estejam cientes das regulamentações e diretrizes relacionadas à utilização de drones, bem como da segurança dos dados coletados pela IoT.

A aquisição de conhecimento e o acompanhamento das melhores práticas são essenciais para aproveitar ao máximo essas tecnologias e garantir o sucesso dos empreendimentos na indústria da engenharia civil.

Necessidades Não Atendidas e Problemas a Serem Resolvidos

A engenharia civil é um campo diversificado e complexo, o que significa que existem várias necessidades não atendidas e problemas persistentes que podem ser transformados em oportunidades de negócios lucrativas.

Identificar essas necessidades e problemas é essencial para empreender com sucesso nesse setor desafiador.

Uma das principais necessidades não atendidas na engenharia civil diz respeito à infraestrutura deteriorada e obsoleta.

Em muitos países, há uma quantidade significativa de estradas, pontes, sistemas de água e outras infraestruturas que estão em estado precário e precisam de reabilitação e modernização.

Essa demanda por soluções de engenharia para reparar, fortalecer e atualizar a infraestrutura existente cria uma oportunidade para empreendedores oferecerem serviços especializados nesse campo.

Outra necessidade não atendida na engenharia civil é a busca por soluções que aumentem a eficiência e a produtividade na construção.

O setor da construção é conhecido por prazos apertados, custos elevados e baixa produtividade.

Empreendedores que conseguem propor soluções inovadoras para melhorar a eficiência da construção, como o uso de novas tecnologias, métodos construtivos mais eficientes e gerenciamento de projetos avançado, têm a oportunidade de ganhar uma posição competitiva no mercado.

A sustentabilidade é outra área importante em que existem necessidades não atendidas na engenharia civil.

Com a crescente preocupação com o meio ambiente, há uma demanda por soluções que reduzam o impacto ambiental da construção e promovam a sustentabilidade.

Empreendedores que desenvolvem materiais de construção eco-friendly, tecnologias de energia renovável, sistemas de gestão de resíduos e projetos de construção sustentáveis estão bem posicionados para atender a essa demanda crescente.

Além disso, a urbanização acelerada em muitas partes do mundo está gerando uma demanda por soluções de engenharia civil que melhorem a qualidade de vida nas cidades.

Necessidades como sistemas de transporte eficientes, infraestrutura inteligente, espaços verdes e soluções para problemas urbanos complexos representam oportunidades para empreendedores desenvolverem projetos inovadores que tornem as cidades mais habitáveis e sustentáveis.

Propor soluções inovadoras para essas necessidades não atendidas e problemas persistentes é fundamental para empreender com sucesso na engenharia civil.

Isso requer uma compreensão profunda das demandas do mercado, a capacidade de identificar lacunas e a criatividade para desenvolver soluções eficazes.

Além disso, é importante estar atualizado sobre as últimas tendências e avanços tecnológicos na indústria, a fim de oferecer soluções de ponta.

Em resumo, a identificação de necessidades não atendidas e problemas persistentes na engenharia civil cria um terreno fértil para empreendedores inovadores.

Propor soluções eficientes, sustentáveis e inteligentes para esses desafios pode levar ao sucesso empresarial e ao impacto positivo na indústria e na sociedade como um todo.

 Alguns exemplos dessas necessidades e problemas são:

Ineficiências na Construção: A indústria da construção civil enfrenta uma série de ineficiências que representam desafios significativos em relação a prazos, custos e desperdícios.

Essas ineficiências podem resultar em atrasos na conclusão dos projetos, estouro de orçamentos e um alto índice de resíduos e retrabalhos.

No entanto, essas ineficiências também podem ser vistas como oportunidades de negócios para empreendedores na engenharia civil.

Uma das soluções para melhorar a eficiência na construção é a adoção de metodologias de construção lean.

Essa abordagem visa eliminar desperdícios e otimizar processos, buscando maximizar o valor entregue ao cliente.

Empreendedores que se especializam em consultoria lean podem ajudar as empresas de construção a identificar e eliminar atividades que não agregam valor, reduzir a variabilidade e melhorar a produtividade.

Eles podem fornecer treinamento e suporte para implementar práticas lean em todas as fases do projeto, desde o planejamento até a execução.

Isso não apenas beneficia as empresas de construção, mas também os clientes, resultando em projetos concluídos de maneira mais eficiente, dentro do prazo e do orçamento estabelecidos.

Além da adoção de metodologias lean, o uso de tecnologias avançadas também pode ser uma oportunidade de negócio interessante para melhorar a eficiência na construção.

Essas tecnologias podem ajudar a otimizar processos, melhorar a comunicação, reduzir erros e aumentar a produtividade.

Um exemplo é o uso de software de modelagem da informação da construção (BIM), que permite a criação de modelos digitais 3D detalhados de projetos.

Esses modelos permitem a colaboração eficiente entre as diferentes partes envolvidas no projeto, facilitam a detecção de conflitos e erros antes da construção física e permitem o planejamento e o controle mais precisos.

Empreendedores podem oferecer serviços de consultoria em BIM, desenvolver softwares especializados ou fornecer treinamento e suporte técnico para empresas que desejam adotar essa tecnologia.

Outras tecnologias avançadas, como a automação, a robótica e o uso de drones, também podem ser aproveitadas para melhorar a eficiência na construção.

Automação de tarefas repetitivas e intensivas em mão de obra pode reduzir erros, aumentar a velocidade de execução e melhorar a qualidade do trabalho.

Empreendedores podem desenvolver equipamentos e sistemas automatizados para tarefas específicas na construção, como a montagem de estruturas pré-fabricadas, a instalação de sistemas de encanamento ou a execução de tarefas de limpeza e acabamento.

O uso de drones na inspeção de obras e levantamentos topográficos também pode trazer eficiência e precisão, economizando tempo e recursos.

Em resumo, as ineficiências na construção representam oportunidades de negócios para empreendedores na engenharia civil.

A adoção de metodologias de construção lean e o uso de tecnologias avançadas podem melhorar a eficiência, reduzir custos e desperdícios, e fornecer soluções inovadoras para os desafios enfrentados pela indústria.

Identificar essas oportunidades e desenvolver estratégias de negócios para atendê-las pode levar ao sucesso empreendedor na indústria da engenharia civil.

Falta de Infraestrutura em Determinadas Regiões: A falta de infraestrutura em determinadas regiões é um desafio significativo que cria oportunidades de negócios para empreendedores na área da engenharia civil.

Muitas regiões ao redor do mundo ainda enfrentam problemas relacionados à infraestrutura básica, como acesso limitado a água potável, estradas inadequadas e deficiências na rede elétrica.

Essas deficiências têm um impacto direto na qualidade de vida das pessoas e no desenvolvimento socioeconômico das comunidades.

Para abordar essas necessidades, surgem oportunidades para empreendimentos que buscam oferecer soluções inovadoras e sustentáveis de infraestrutura.

Empreendedores podem se envolver em projetos de engenharia civil que visam melhorar a infraestrutura básica nessas regiões, fornecendo serviços e soluções que atendam às demandas específicas.

No caso da falta de acesso a água potável, por exemplo, empreendedores podem se concentrar no desenvolvimento de sistemas de abastecimento de água eficientes e acessíveis.

Isso pode envolver a construção de poços, sistemas de tratamento de água ou até mesmo a implementação de tecnologias de captação de água da chuva.

Além disso, o empreendedorismo social também pode desempenhar um papel importante nesse contexto, buscando soluções inovadoras que sejam acessíveis para comunidades de baixa renda.

Em relação a estradas precárias, os empreendedores podem investir em projetos de construção e melhoria de vias de transporte.

Isso pode envolver a construção de novas estradas, a melhoria de estradas existentes, o desenvolvimento de sistemas de transporte público eficientes e sustentáveis ou até mesmo a implementação de tecnologias avançadas para otimizar o fluxo de tráfego.

No que diz respeito às deficiências na rede elétrica, os empreendedores podem buscar soluções de energia renovável descentralizada, como sistemas de geração de energia solar ou eólica.

Isso pode ajudar a fornecer eletricidade confiável e acessível em áreas remotas ou carentes de infraestrutura elétrica adequada.

Além disso, a inovação em materiais de construção sustentáveis e técnicas de construção de baixo impacto ambiental também pode desempenhar um papel importante na melhoria da infraestrutura nessas regiões.

Empreendedores podem desenvolver materiais alternativos mais eficientes e eco-friendly, como concreto de baixa emissão de carbono, tijolos ecológicos ou técnicas de construção com materiais reciclados.

Em suma, a falta de infraestrutura em determinadas regiões representa uma oportunidade para empreendedores na engenharia civil.

Desenvolver soluções inovadoras e sustentáveis para atender às necessidades específicas dessas regiões pode não apenas trazer benefícios socioeconômicos, mas também ajudar a melhorar a qualidade de vida das pessoas e contribuir para o desenvolvimento sustentável das comunidades.

Impactos Ambientais Negativos: Os impactos ambientais negativos da construção representam uma preocupação crescente na indústria da engenharia civil.

A busca por soluções sustentáveis e a redução do impacto ambiental se tornaram prioridades importantes para empreendedores e profissionais do setor.

Isso ocorre devido ao reconhecimento dos efeitos nocivos que as práticas de construção tradicionais podem ter no meio ambiente, incluindo o consumo excessivo de recursos naturais, a emissão de gases de efeito estufa, a geração de resíduos e a degradação de ecossistemas.

Nesse contexto, empreendimentos que se concentram em soluções que reduzam os impactos ambientais negativos da construção têm um grande potencial de mercado.

Essas soluções podem envolver o uso de materiais eco-friendly, energias renováveis e métodos de construção sustentáveis.

Empreendedores que adotam uma abordagem sustentável estão posicionados para atender à crescente demanda por construção verde e responsável.

Uma oportunidade de negócio interessante está no desenvolvimento e fornecimento de materiais de construção eco-friendly.

Isso inclui materiais produzidos com baixa pegada de carbono, como concreto de baixa emissão de carbono, madeira certificada proveniente de manejo florestal sustentável, isolamentos térmicos e acústicos de origem natural e outros materiais reciclados ou recicláveis.

Esses materiais oferecem uma alternativa mais sustentável aos materiais convencionais e contribuem para a redução do impacto ambiental da construção.

Além disso, o uso de energias renováveis na construção é outra área promissora de empreendimento.

Empreendedores podem explorar soluções como a instalação de sistemas de energia solar fotovoltaica em edifícios, o uso de sistemas de aquecimento e resfriamento geotérmicos, a implementação de sistemas de coleta e reutilização de água da chuva e a adoção de sistemas inteligentes de gerenciamento de energia.

Essas soluções não apenas reduzem as emissões de gases de efeito estufa, mas também podem levar a economias de custos significativas a longo prazo para os proprietários dos edifícios.

Além disso, empreendimentos na engenharia civil podem buscar métodos de construção sustentáveis, como a construção modular, que reduz o desperdício de materiais e recursos, e a implementação de práticas de construção enxuta (lean construction), que otimizam o planejamento e a execução de projetos, resultando em uma redução do tempo e dos custos envolvidos.

Essas abordagens mais eficientes contribuem para a sustentabilidade ambiental, econômica e social dos projetos de construção.

Vale ressaltar que a demanda por soluções sustentáveis na indústria da engenharia civil não se limita apenas a questões ambientais.

Cada vez mais, os clientes e investidores valorizam projetos e empreendimentos que incorporam princípios de sustentabilidade, e as regulamentações governamentais também estão direcionando o setor em direção a práticas mais sustentáveis.

Portanto, empreendedores que se dedicam a soluções que reduzem os impactos ambientais negativos da construção estão alinhados com as tendências do mercado e têm a oportunidade de oferecer serviços diferenciados e ganhar vantagem competitiva.

Em resumo, o foco na sustentabilidade e na redução do impacto ambiental está impulsionando a demanda por soluções inovadoras na indústria da engenharia civil.

Empreendimentos que se concentram em materiais eco-friendly, energias renováveis e métodos de construção sustentáveis têm um grande potencial de mercado, atendendo às necessidades crescentes de clientes conscientes do meio ambiente e cumprindo as regulamentações governamentais.

A busca por soluções que equilibrem o desenvolvimento urbano com a preservação do meio ambiente é uma oportunidade para empreendedores que desejam criar negócios sustentáveis e contribuir para um futuro mais responsável.

Ao identificar essas necessidades não atendidas e problemas persistentes, os empreendedores na engenharia civil podem desenvolver soluções inovadoras e criar negócios que resolvam esses desafios.

Elaboração do Plano de Negócios

Componentes Essenciais de um Plano de Negócios

Um plano de negócios desempenha um papel fundamental no sucesso de um empreendimento na engenharia civil.

É uma ferramenta essencial que fornece uma visão abrangente e estruturada do negócio, permitindo que os empreendedores analisem e avaliem todas as facetas da empresa, desde a estratégia até os aspectos financeiros.

Em primeiro lugar, um plano de negócios ajuda a definir a estratégia da empresa.

Ele envolve a definição da missão, visão e valores da organização, bem como a identificação dos objetivos e metas de curto e longo prazo.

Através da análise de mercado, os empreendedores podem entender o cenário competitivo, identificar oportunidades e ameaças, e posicionar o negócio de forma única e relevante no mercado.

A análise de mercado é um elemento crucial do plano de negócios. Envolve a pesquisa e coleta de informações sobre o mercado-alvo, incluindo tamanho, tendências, segmentação, clientes potenciais e concorrência.

Com base nessa análise, os empreendedores podem identificar nichos de mercado, entender as necessidades e demandas dos clientes e adaptar sua oferta para atender a essas necessidades de maneira diferenciada.

A análise de mercado também pode ajudar a identificar oportunidades de crescimento e expansão nos diferentes setores da indústria da engenharia civil.

Outro aspecto importante do plano de negócios é a análise financeira. Isso envolve a projeção de receitas, custos, fluxo de caixa e lucratividade do negócio ao longo do tempo.

Com base nessa análise, os empreendedores podem avaliar a viabilidade financeira do empreendimento, identificar possíveis pontos de equilíbrio e tomar decisões informadas sobre investimentos, financiamento e alocação de recursos.

Além disso, o plano de negócios também aborda aspectos operacionais e organizacionais.

Ele descreve a estrutura organizacional da empresa, as responsabilidades e funções de cada membro da equipe, além dos processos e procedimentos operacionais necessários para a execução das atividades do negócio.

Isso ajuda a garantir que a empresa esteja adequadamente organizada e que todos os aspectos operacionais sejam considerados e planejados de forma eficiente.

Um plano de negócios também desempenha um papel importante na captação de recursos financeiros e na busca de parcerias estratégicas.

Investidores e instituições financeiras geralmente exigem um plano de negócios detalhado como parte do processo de avaliação de investimento.

Além disso, o plano de negócios pode ser usado para comunicar a proposta de valor da empresa a potenciais parceiros, fornecedores e clientes, estabelecendo a credibilidade e a confiança necessárias para estabelecer relacionamentos comerciais sólidos.

Em resumo, um plano de negócios é uma ferramenta crucial para o sucesso de um empreendimento na engenharia civil.

Ele oferece uma visão abrangente do negócio, incluindo sua estratégia, metas, análise de mercado e financeira, entre outros aspectos.

Um plano de negócios bem elaborado ajuda os empreendedores a tomar decisões informadas, estabelecer metas claras, atrair investidores e parceiros estratégicos, e garantir a sustentabilidade e o crescimento do negócio no longo prazo.

Alguns dos componentes essenciais de um plano de negócios incluem:

Resumo Executivo: O Resumo Executivo é uma seção crucial do plano de negócios que oferece uma visão geral concisa e persuasiva do negócio.

Ele é projetado para capturar a atenção dos leitores e fornecer uma visão rápida e clara dos principais pontos do plano de negócios.

Embora seja a primeira seção do plano, o Resumo Executivo geralmente é escrito por último, depois que todas as outras seções do plano foram elaboradas.

O objetivo principal do Resumo Executivo é despertar o interesse e transmitir a proposta de valor do negócio de forma sucinta e convincente.

Deve fornecer uma visão geral da empresa, seus produtos ou serviços, o mercado em que atua e os diferenciais competitivos.

Embora seja uma seção breve, o Resumo Executivo deve ser completo o suficiente para que os leitores tenham uma compreensão clara do negócio e se interessem em ler o plano completo.

Ao desenvolver o Resumo Executivo, é importante abordar os seguintes pontos-chave:

Visão geral do negócio: Comece fornecendo uma descrição concisa da empresa e do setor em que atua. Explique a natureza do negócio, os produtos ou serviços oferecidos e o mercado-alvo.

Proposta de valor: Destaque os principais benefícios e diferenciais competitivos do negócio. Mostre como o seu produto ou serviço atende às necessidades dos clientes de forma única e melhor do que a concorrência.

Mercado-alvo: Forneça informações sobre o tamanho e as características do mercado em que a empresa atua. Identifique o público-alvo e demonstre o potencial de crescimento e as oportunidades existentes nesse mercado.

Estratégia de negócios: Resuma a estratégia geral do negócio, incluindo a abordagem de marketing, as principais parcerias estratégicas e as estratégias de crescimento. Destaque as ações-chave que serão tomadas para alcançar os objetivos e metas do negócio.

Equipe de gestão: Apresente uma breve descrição das habilidades e experiências-chave da equipe de gestão. Destaque as qualificações que os membros da equipe possuem para impulsionar o sucesso do negócio.

Projeções financeiras: Inclua uma visão geral das projeções financeiras do negócio, como receitas, custos e fluxo de caixa. Isso ajudará a demonstrar a viabilidade financeira do negócio e o potencial de retorno sobre o investimento.

Objetivos e metas: Finalize o Resumo Executivo descrevendo os principais objetivos e metas que a empresa pretende alcançar no curto e longo prazo. Isso demonstrará a ambição e a direção do negócio.

É importante ressaltar que o Resumo Executivo deve ser escrito de forma clara, concisa e persuasiva.

Os leitores devem ser capazes de compreender rapidamente os pontos-chave do negócio e se sentir motivados a explorar o plano de negócios completo.

Portanto, revise e refine o Resumo Executivo várias vezes, garantindo que cada palavra seja cuidadosamente escolhida para transmitir a mensagem de forma eficaz.

Descrição do Negócio: A Descrição do Negócio é projetada para fornecer uma explicação detalhada sobre a natureza do negócio, seus produtos ou serviços, o público-alvo e a proposta de valor.

Essa seção é fundamental para transmitir uma compreensão clara do que a empresa faz e como ela se diferencia no mercado.

Ao desenvolver a Descrição do Negócio, é importante abordar os seguintes pontos-chave:

Natureza do negócio: Comece descrevendo a natureza do negócio, fornecendo informações sobre o setor em que a empresa opera e a área geográfica em que está presente. Explique o tipo de negócio, seja ele um fornecedor de produtos, prestador de serviços ou ambos.

Produtos ou serviços: Detalhe os produtos ou serviços oferecidos pela empresa. Descreva suas principais características, benefícios e como eles atendem às necessidades e desejos dos clientes. Destaque o que torna seus produtos ou serviços únicos e melhores do que os oferecidos pela concorrência.

Público-alvo: Identifique claramente o público-alvo ao qual a empresa se destina. Isso inclui informações demográficas, comportamentais e psicográficas sobre os clientes ideais. Quanto mais específico e segmentado for o público-alvo, melhor será a capacidade de atender às suas necessidades de maneira eficaz.

Proposta de valor: Descreva a proposta de valor da empresa, ou seja, o que a torna diferente e valiosa para os clientes em relação à concorrência. Destaque os benefícios distintos que os clientes obtêm ao escolher seus produtos ou serviços e explique por que eles devem preferir sua empresa em vez de outras do mercado.

Vantagens competitivas: Identifique e descreva as vantagens competitivas que a empresa possui. Isso pode incluir fatores como preços competitivos, qualidade superior, expertise técnica, relacionamento com clientes, localização estratégica, inovação tecnológica, entre outros. Destaque como essas vantagens permitem que a empresa se destaque no mercado.

Parcerias estratégicas: Se a empresa tiver parcerias estratégicas relevantes, mencione-as nesta seção. Isso pode incluir colaborações com fornecedores, alianças estratégicas com outras empresas ou parcerias com organizações complementares que agregam valor ao negócio.

Diferenciação: Explique de forma clara como a empresa se diferencia da concorrência. Isso pode estar relacionado a aspectos como preço, qualidade, inovação, atendimento ao cliente, design, sustentabilidade, eficiência operacional ou qualquer outro atributo distintivo.

É fundamental que a Descrição do Negócio seja clara, específica e convincente.

Os leitores devem obter uma compreensão completa do que a empresa faz, como ela atende às necessidades dos clientes e por que ela é única e valiosa no mercado.

Essa seção deve ser escrita de forma atraente, destacando os pontos fortes e os diferenciais competitivos da empresa para gerar interesse e entusiasmo.

Análise de Mercado: A Análise de Mercado é essencial para compreender o ambiente em que o negócio irá operar. Ela fornece uma análise detalhada do mercado, incluindo informações sobre seu tamanho, tendências, concorrência e oportunidades. Essa análise é crucial para tomar decisões informadas e estratégicas sobre como posicionar e comercializar o negócio.

Ao desenvolver a Análise de Mercado, é importante considerar os seguintes pontos-chave:

Tamanho do mercado: Comece descrevendo o tamanho do mercado em que o negócio atuará. Isso pode ser feito por meio de dados quantitativos, como o tamanho do mercado em termos de receita ou número de clientes. Além disso, leve em consideração a taxa de crescimento histórica e projetada do mercado para identificar o potencial de expansão.

Tendências de mercado: Analise as tendências e mudanças que estão ocorrendo no mercado. Isso pode incluir avanços tecnológicos, mudanças nos padrões de consumo, preferências dos clientes, regulamentações governamentais ou qualquer outro fator relevante. Identifique as tendências emergentes que podem impactar o setor e avalie como o negócio pode se adaptar a elas.

Segmentação de mercado: Divida o mercado em segmentos com base em características e necessidades semelhantes dos clientes. Isso permite que você identifique segmentos de clientes específicos que são mais relevantes para o seu negócio. Descreva cada segmento, incluindo tamanho, características demográficas, comportamentais e psicográficas dos clientes.

Concorrência: Analise a concorrência no mercado. Identifique os principais concorrentes diretos e indiretos e analise suas estratégias, pontos fortes e fracos. Avalie como o seu negócio se posiciona em relação aos concorrentes e identifique oportunidades para se destacar. Considere também barreiras à entrada no mercado e possíveis ameaças competitivas.

Clientes-alvo: Descreva o perfil dos clientes-alvo com base na segmentação de mercado. Compreenda suas necessidades, preferências, comportamentos de compra e expectativas em relação aos produtos ou serviços oferecidos. Analise o tamanho e o crescimento potencial do mercado-alvo, bem como as oportunidades de penetração e expansão nesse segmento.

Oportunidades de mercado: Identifique oportunidades de mercado que podem ser exploradas pelo negócio. Isso pode incluir lacunas no mercado, demanda não atendida, necessidades emergentes, mudanças regulatórias ou qualquer outra área onde o negócio possa se destacar e oferecer valor adicional aos clientes.

Barreiras à entrada: Analise as barreiras que podem afetar a entrada de novos concorrentes no mercado. Isso pode incluir requisitos regulatórios, altos custos de entrada, necessidade de expertise técnica ou relacionamentos estabelecidos com clientes-chave. Entender as barreiras à entrada pode ajudar a identificar vantagens competitivas e oportunidades de diferenciação.

Ao conduzir uma análise de mercado abrangente, você terá uma compreensão mais clara do ambiente em que seu negócio irá operar.

Isso permitirá que você identifique oportunidades, desafios e estratégias de marketing eficazes para alcançar e conquistar o público-alvo.

Além disso, essa análise contínua ajudará a monitorar as mudanças no mercado e ajustar as estratégias conforme necessário para garantir o sucesso contínuo do negócio.

Estratégia de Marketing e Vendas: A Estratégia de Marketing e Vendas é uma parte fundamental, pois descreve as estratégias e táticas que serão utilizadas para atrair, conquistar e reter clientes. Essa seção abrange desde a definição do público-alvo até a seleção dos canais de distribuição e as estratégias de posicionamento e marketing a serem adotadas.

Ao desenvolver a Estratégia de Marketing e Vendas, é importante considerar os seguintes elementos:

Definição do público-alvo: Comece identificando claramente quem são seus clientes ideais. Isso envolve compreender suas características demográficas, comportamentais e psicográficas. Quanto mais específico for o perfil do seu público-alvo, mais direcionadas poderão ser suas estratégias de marketing.

Posicionamento de mercado: Determine como você deseja posicionar seu negócio no mercado em relação aos concorrentes. Identifique os pontos fortes e únicos do seu produto ou serviço e destaque-os na comunicação com os clientes. Defina sua proposta de valor e como você pretende se diferenciar da concorrência.

Canais de distribuição: Avalie quais canais de distribuição são os mais adequados para alcançar seu público-alvo. Isso pode incluir a venda direta, distribuição por meio de revendedores, e-commerce, parcerias estratégicas ou qualquer outro canal relevante para o seu setor. Considere a eficiência, a conveniência e o alcance dos canais selecionados.

Estratégias de marketing: Desenvolva um plano de ação para promover seus produtos ou serviços e atrair clientes. Isso pode incluir atividades de marketing digital, como marketing de conteúdo, mídia social, publicidade online e otimização de mecanismos de busca (SEO). Considere também estratégias de marketing offline, como publicidade tradicional, participação em feiras e eventos, parcerias estratégicas e programas de fidelidade.

Vendas e atendimento ao cliente: Descreva as estratégias para aumentar as vendas e garantir a satisfação dos clientes. Isso pode envolver treinamento da equipe de vendas, estabelecimento de metas e incentivos, desenvolvimento de programas de fidelidade, suporte ao cliente eficiente e políticas de garantia de qualidade. Lembre-se de que a retenção de clientes existentes é tão importante quanto a aquisição de novos clientes.

Orçamento de marketing: Estabeleça um orçamento para suas atividades de marketing e vendas. Determine quanto você está disposto a investir em publicidade, promoções, eventos e outras iniciativas de marketing. Certifique-se de alocar recursos de forma eficiente, priorizando as estratégias que têm maior probabilidade de alcançar os resultados desejados.

Avaliação e monitoramento: Defina indicadores-chave de desempenho (KPIs) para avaliar a eficácia de suas estratégias de marketing e vendas. Isso pode incluir métricas como taxa de conversão, taxa de retenção de clientes, retorno sobre o investimento em marketing, entre outros. Acompanhe regularmente esses indicadores e faça ajustes nas estratégias, se necessário, com base nos insights obtidos.

Ao desenvolver uma sólida Estratégia de Marketing e Vendas, você estará mais preparado para atrair clientes, expandir sua base de clientes e aumentar as vendas.

Lembre-se de que essa estratégia deve ser flexível o suficiente para se adaptar às mudanças do mercado e às necessidades dos clientes, garantindo assim o sucesso contínuo do seu negócio.

Estrutura Organizacional e Gestão: A Estrutura Organizacional e Gestão oferece uma visão geral da estrutura organizacional da empresa, descrevendo as funções e responsabilidades dos membros da equipe, bem como o plano de gestão para garantir o bom funcionamento do negócio.

Essa seção é fundamental para demonstrar como a empresa será organizada, gerenciada e como as decisões serão tomadas.

Ao desenvolver a Estrutura Organizacional e Gestão, é importante considerar os seguintes elementos:

Estrutura organizacional: Descreva a estrutura hierárquica da empresa, incluindo os níveis de gestão, departamentos e funções-chave. Por exemplo, se a empresa for pequena, pode ter uma estrutura organizacional plana, com poucos níveis de hierarquia, enquanto empresas maiores podem ter uma estrutura organizacional mais complexa, com várias divisões e departamentos.

Funções e responsabilidades: Identifique as principais funções e responsabilidades dentro da empresa. Isso pode incluir cargos como diretor executivo, diretor de operações, diretor financeiro, diretor de marketing, gerente de projetos, entre outros. Descreva as responsabilidades específicas de cada função e como elas se relacionam com as metas e objetivos da empresa.

Equipe de gestão: Apresente a equipe de gestão da empresa, destacando as qualificações, experiências e habilidades de cada membro. Isso ajuda a transmitir confiança aos investidores e parceiros em relação à capacidade da equipe em liderar e executar o plano de negócios. Além disso, destaque como as decisões serão tomadas e como a comunicação interna será estabelecida.

Plano de gestão: Descreva o plano de gestão que será implementado para garantir a eficiência e o bom funcionamento do negócio. Isso pode incluir práticas de gestão de projetos, estratégias de gestão de recursos humanos, sistemas de comunicação interna, fluxos de trabalho e processos operacionais. Também é importante abordar como serão avaliados o desempenho da equipe, a gestão de riscos e a solução de problemas.

Desenvolvimento da equipe: Discuta as estratégias para desenvolver e capacitar a equipe ao longo do tempo. Isso pode incluir programas de treinamento, oportunidades de desenvolvimento profissional, incentivos e reconhecimento. Demonstre um compromisso com o crescimento e o bem-estar dos membros da equipe, o que contribuirá para a retenção de talentos e o sucesso a longo prazo da empresa.

Plano de sucessão: Considere a importância de ter um plano de sucessão em vigor para garantir a continuidade do negócio, especialmente em caso de mudanças na equipe de gestão. Descreva como a empresa identificará e desenvolverá líderes internos e estabeleça um plano para lidar com transições de liderança de forma eficiente.

Ao desenvolver a Estrutura Organizacional e Gestão, certifique-se de que ela seja adequada às necessidades e aos objetivos do seu negócio.

Isso ajudará a criar uma base sólida para o crescimento, a eficiência operacional e o sucesso contínuo da empresa.

Plano Financeiro: O Plano Financeiro é uma parte essencial do plano de negócios que fornece projeções financeiras detalhadas para o futuro da empresa. Ele inclui demonstrações financeiras, como demonstrações de resultados, balanço patrimonial e fluxo de caixa, além de uma análise de viabilidade econômico-financeira. Essas projeções são fundamentais para entender a saúde financeira do negócio, avaliar sua viabilidade e atrair investidores ou financiamentos.

Ao desenvolver o Plano Financeiro, é importante considerar os seguintes aspectos:

Demonstração de Resultados: A demonstração de resultados, também conhecida como demonstração de lucros e perdas, mostra a receita, os custos e as despesas da empresa durante um determinado período. Ela ajuda a determinar se o negócio é lucrativo e a identificar áreas que podem requerer ajustes. Inclua projeções de vendas, custos de produção, despesas operacionais, impostos e outras receitas ou despesas relevantes.

Balanço Patrimonial: O balanço patrimonial fornece uma visão geral dos ativos, passivos e patrimônio líquido da empresa em um determinado momento. Ele mostra os recursos financeiros da empresa e como eles são financiados. Inclua projeções de ativos, como caixa, contas a receber, estoque e propriedades, bem como passivos, como contas a pagar, empréstimos e obrigações de longo prazo.

Fluxo de Caixa: O fluxo de caixa é uma projeção das entradas e saídas de dinheiro da empresa ao longo do tempo. Ele ajuda a avaliar a capacidade da empresa de gerar caixa e atender às suas obrigações financeiras. Inclua projeções de recebimentos de vendas, pagamentos de despesas operacionais, investimentos em ativos fixos, pagamento de empréstimos e outras transações financeiras relevantes.

Análise de Viabilidade Econômico-Financeira: A análise de viabilidade econômico-financeira avalia a capacidade do negócio de gerar lucros e retornos financeiros satisfatórios. Ela pode incluir métricas como o retorno sobre o investimento (ROI), a margem de lucro, o ponto de equilíbrio e o período de recuperação do investimento. Essa análise ajuda a determinar se o negócio é financeiramente sustentável e se as projeções financeiras são realistas.

Além das demonstrações financeiras, o Plano Financeiro também pode incluir outras informações relevantes, como a necessidade de financiamento, estratégias de precificação, estratégias de redução de custos e análise de sensibilidade para avaliar o impacto de diferentes cenários no desempenho financeiro.

É importante que as projeções financeiras sejam baseadas em pesquisas e análises sólidas, levando em consideração fatores como o mercado, a concorrência, as tendências econômicas e as estratégias de marketing e vendas da empresa.

As projeções devem ser realistas e fundamentadas em suposições claras e bem justificadas.

A elaboração do Plano Financeiro requer um bom entendimento dos princípios contábeis e financeiros, bem como o uso de ferramentas adequadas para realizar cálculos e análises.

Caso não tenha conhecimento especializado nessas áreas, é recomendável buscar a ajuda de profissionais, como contadores ou consultores financeiros, para garantir a precisão e a confiabilidade das projeções financeiras.

Análise de Mercado e Concorrência

A análise de mercado e concorrência é uma etapa fundamental na elaboração do plano de negócios.

Ela envolve a compreensão do mercado-alvo, identificação dos clientes em potencial, análise dos concorrentes e identificação das vantagens competitivas do negócio.

Alguns pontos importantes a serem abordados nessa seção incluem:

Tamanho e Tendências do Mercado: Avaliar o tamanho e as tendências do mercado é uma etapa crucial na análise de mercado e concorrência de um plano de negócios.

Essa análise envolve uma investigação cuidadosa do mercado atual e potencial em que o negócio irá operar, permitindo identificar oportunidades de crescimento e desenvolver estratégias adequadas para atender às necessidades dos clientes.

Aqui estão alguns pontos importantes a considerar ao realizar essa análise:

Tamanho do mercado: É essencial entender o tamanho atual do mercado em que o negócio irá atuar. Isso envolve a avaliação do valor total do mercado, seja em termos de receita, número de clientes ou unidades vendidas.

Essas informações ajudarão a determinar o potencial de crescimento do negócio e a estabelecer metas realistas.

Além disso, é importante analisar o crescimento histórico do mercado para identificar padrões e prever possíveis mudanças futuras.

Tendências do mercado: Identificar as tendências emergentes é fundamental para se manter atualizado e adaptar-se às mudanças no mercado.

Isso pode incluir tendências demográficas, econômicas, tecnológicas, sociais e regulatórias que afetam o setor em questão.

Por exemplo, no setor de tecnologia, as tendências podem incluir o aumento da demanda por dispositivos móveis ou a crescente adoção de inteligência artificial.

Compreender essas tendências permitirá que o empreendedor identifique oportunidades de negócio e desenvolva estratégias inovadoras para atender às demandas do mercado.

Necessidades dos clientes: Para ter sucesso no mercado, é essencial entender as necessidades dos clientes e como elas estão evoluindo.

Isso envolve identificar os principais problemas e desafios enfrentados pelos clientes, bem como suas preferências, expectativas e comportamentos de compra.

Por meio de pesquisas de mercado, análise de dados e interações com os clientes, é possível obter informações valiosas para adaptar os produtos ou serviços do negócio e oferecer soluções que atendam às necessidades dos clientes de maneira eficaz.

Ao analisar o tamanho e as tendências do mercado, é importante utilizar uma variedade de fontes de informação, como relatórios de mercado, estudos de pesquisa, dados do setor, análise de concorrência e feedback dos clientes.

Essas fontes fornecerão uma visão abrangente do mercado e permitirão que o empreendedor tome decisões embasadas na compreensão dos principais aspectos do mercado em que deseja atuar.

Uma análise sólida do tamanho e das tendências do mercado oferece informações valiosas para embasar o desenvolvimento de estratégias de marketing, identificar oportunidades de crescimento e antecipar as necessidades futuras dos clientes.

É um componente essencial para a tomada de decisões estratégicas e o sucesso do negócio no mercado competitivo.

Segmentação de Mercado: Dividir o mercado em segmentos com características semelhantes e identificar o segmento-alvo é uma etapa fundamental na análise de mercado e concorrência de um plano de negócios.

Essa estratégia permite que o empreendedor direcione seus esforços e recursos para o grupo de clientes mais propenso a se beneficiar e adquirir seus produtos ou serviços.

Aqui estão alguns pontos importantes a considerar ao realizar essa análise:

Segmentação de mercado: A segmentação de mercado envolve a divisão do mercado em grupos distintos com características, necessidades e comportamentos semelhantes.

Esses grupos são conhecidos como segmentos de mercado. A segmentação pode ser feita com base em diversos critérios, como demografia (idade, gênero, localização), psicografia (estilo de vida, valores, personalidade), comportamento de compra (frequência, preferências) e características do produto (utilização, benefícios).

Seleção do segmento-alvo: Uma vez que os segmentos de mercado foram identificados, é necessário escolher o segmento-alvo para o negócio. Isso implica na seleção do grupo de clientes mais relevante e com maior potencial de retorno para a empresa.

É importante considerar fatores como o tamanho do segmento, seu potencial de crescimento, sua acessibilidade e a capacidade da empresa de atender às necessidades desse grupo específico.

Análise do segmento-alvo: Uma vez escolhido o segmento-alvo, é essencial realizar uma análise aprofundada desse grupo de clientes.

Isso envolve a compreensão de suas necessidades, desejos, comportamentos de compra e preferências específicas.

Quanto mais detalhada for a análise do segmento-alvo, mais direcionadas e eficazes poderão ser as estratégias de marketing e vendas do negócio.

Vantagens competitivas: Ao identificar o segmento-alvo, é importante também considerar as vantagens competitivas que o negócio possui para atender às necessidades desse grupo de clientes de maneira superior à concorrência.

Essas vantagens podem ser baseadas em fatores como qualidade do produto, preço competitivo, atendimento ao cliente excepcional, inovação tecnológica ou diferenciação estratégica.

Compreender as vantagens competitivas ajudará a direcionar as estratégias de marketing e comunicar de forma eficaz os benefícios que o negócio pode oferecer aos clientes.

Ao dividir o mercado em segmentos e identificar o segmento-alvo, o empreendedor pode concentrar seus esforços e recursos nas áreas mais promissoras e com maior potencial de retorno.

Isso permite uma abordagem mais direcionada e eficiente na conquista e fidelização de clientes, além de proporcionar uma base sólida para o desenvolvimento de estratégias de marketing e vendas mais eficazes.

É importante lembrar que a segmentação de mercado e a definição do segmento-alvo podem ser revisadas e ajustadas ao longo do tempo à medida que o negócio evolui e novas oportunidades surgem.

Análise da Concorrência: A análise da concorrência é uma parte essencial da análise de mercado em um plano de negócios.

Ela envolve a identificação e compreensão dos concorrentes diretos e indiretos que atuam no mesmo mercado ou oferecem produtos ou serviços similares aos do negócio em questão.

A análise da concorrência ajuda a empresa a entender o ambiente competitivo em que está inserida, a avaliar a posição relativa do seu negócio em relação aos concorrentes e a identificar oportunidades estratégicas para se diferenciar no mercado.

Aqui estão alguns pontos importantes a serem considerados ao realizar a análise da concorrência:

Identificação dos concorrentes: O primeiro passo é identificar os concorrentes diretos, ou seja, aqueles que oferecem produtos ou serviços similares aos do negócio em questão e atendem ao mesmo segmento de clientes.

Além disso, é importante identificar também os concorrentes indiretos, que podem não atender diretamente ao mesmo mercado, mas podem satisfazer necessidades semelhantes ou ser uma alternativa para os clientes.

Essa identificação pode ser feita por meio de pesquisas de mercado, análise de informações disponíveis publicamente e interações com os clientes.

Análise das estratégias dos concorrentes: Uma vez identificados os concorrentes, é necessário analisar suas estratégias de negócio.

Isso inclui a compreensão de como eles se posicionam no mercado, quais segmentos de clientes atendem, quais canais de distribuição utilizam, quais são seus preços e políticas de marketing, e como se diferenciam dos concorrentes.

Essa análise ajuda a identificar as principais tendências do mercado e a entender como os concorrentes estão abordando essas tendências.

Avaliação dos pontos fortes e fracos dos concorrentes: É importante avaliar os pontos fortes e fracos dos concorrentes, ou seja, identificar suas vantagens competitivas e suas vulnerabilidades.

Isso pode envolver a análise da qualidade dos produtos ou serviços oferecidos, a reputação da marca, a presença de canais de distribuição eficientes, a experiência e capacidade da equipe, entre outros fatores relevantes.

Essa análise ajuda a entender como os concorrentes se destacam no mercado e quais áreas podem ser exploradas para ganhar vantagem competitiva.

Identificação de oportunidades de diferenciação: A análise da concorrência também permite identificar oportunidades para se diferenciar no mercado.

Ao compreender as estratégias e pontos fortes e fracos dos concorrentes, é possível encontrar brechas no mercado onde o negócio pode oferecer algo único e valioso para os clientes.

Isso pode envolver a identificação de necessidades não atendidas, a criação de um posicionamento único, a oferta de um valor agregado exclusivo ou a implementação de estratégias de marketing inovadoras.

A diferenciação efetiva pode ajudar o negócio a conquistar uma vantagem competitiva sustentável.

Em resumo, a análise da concorrência é crucial para a compreensão do ambiente competitivo em que o negócio atua.

Identificar os concorrentes, analisar suas estratégias, pontos fortes e fracos, e identificar oportunidades de diferenciação ajuda a empresa a posicionar-se de forma eficaz no mercado, a desenvolver estratégias de marketing mais eficientes e a encontrar formas de se destacar dos concorrentes.

Essa análise contínua da concorrência também permite que o negócio se adapte às mudanças no mercado e identifique novas oportunidades à medida que surgem.

Vantagens Competitivas: Identificar e aproveitar as vantagens competitivas é uma parte crucial da estratégia de negócios.

As vantagens competitivas são os atributos exclusivos ou superiores de um negócio em relação aos concorrentes, que o tornam mais atraente para os clientes e lhe conferem uma posição mais forte no mercado.

Aqui estão algumas vantagens competitivas comuns que podem ser identificadas e alavancadas pela empresa:

Expertise técnica: Uma vantagem competitiva pode residir na expertise técnica da equipe ou da empresa em um determinado campo.

Isso pode incluir conhecimentos especializados, habilidades técnicas avançadas, experiência em projetos complexos ou o uso de métodos e práticas inovadoras.

A expertise técnica pode ser um diferencial importante para atrair clientes que buscam soluções de alta qualidade e confiabilidade.

Tecnologia inovadora: O uso de tecnologia avançada e inovadora pode ser uma vantagem competitiva significativa.

Isso pode incluir o desenvolvimento de produtos ou serviços exclusivos, o uso de sistemas de informação sofisticados, a aplicação de inteligência artificial ou aprendizado de máquina, ou o desenvolvimento de soluções digitais que otimizam processos e aumentam a eficiência.

A tecnologia inovadora pode proporcionar uma experiência diferenciada aos clientes e melhorar a produtividade e eficiência interna da empresa.

Relacionamentos com clientes-chave: A construção de relacionamentos fortes com clientes-chave pode ser uma vantagem competitiva valiosa.

Isso envolve entender profundamente as necessidades e desafios dos clientes, fornecer um atendimento personalizado e de alta qualidade, estabelecer parcerias de longo prazo e criar uma reputação sólida no mercado.

Os relacionamentos estabelecidos podem resultar em uma base de clientes fiéis e satisfeitos, além de gerar referências e recomendações positivas.

Qualidade e excelência operacional: A busca constante pela qualidade e excelência operacional pode ser uma vantagem competitiva importante.

Isso envolve a implementação de padrões de qualidade rigorosos, a adoção de práticas de melhoria contínua, a entrega de projetos dentro do prazo e orçamento, e a garantia de uma experiência positiva para os clientes em todos os aspectos do negócio.

A qualidade e excelência operacional podem construir a reputação da empresa e estabelecer um diferencial competitivo na mente dos clientes.

Acesso a recursos exclusivos: Acesso a recursos exclusivos, como matéria-prima de alta qualidade, tecnologias patenteadas, redes de distribuição estabelecidas ou parcerias estratégicas, pode ser uma vantagem competitiva significativa.

Esses recursos exclusivos podem ser difíceis de serem replicados pelos concorrentes e podem conferir à empresa uma posição única no mercado, permitindo que ela ofereça algo único e valioso aos clientes.

Identificar as vantagens competitivas do negócio é fundamental para direcionar as estratégias de marketing, diferenciação e posicionamento no mercado.

Essas vantagens devem ser comunicadas de forma clara e eficaz aos clientes, destacando como o negócio se diferencia dos concorrentes e como pode atender melhor às necessidades e demandas do mercado.

É importante também monitorar constantemente o ambiente competitivo, adaptar-se às mudanças e buscar continuamente novas vantagens competitivas para manter a posição de destaque no mercado.

Definição de Metas e Estratégias

Nesta seção, é importante definir metas claras e estabelecer as estratégias para alcançá-las.

Algumas áreas-chave a serem abordadas são:

Metas de Curto e Longo Prazo: Estabelecer metas de curto e longo prazo é uma prática essencial para o sucesso de qualquer negócio na engenharia civil.

As metas fornecem uma direção clara e definem os resultados desejados, permitindo que a empresa acompanhe seu progresso e tome medidas adequadas para alcançar seus objetivos.

Aqui estão alguns pontos a serem considerados ao definir metas de curto e longo prazo:

Especificidade: As metas devem ser específicas e bem definidas. Em vez de estabelecer metas genéricas como "aumentar a receita", é preferível definir uma meta específica, como "aumentar a receita em 15% no próximo ano".

Metas específicas fornecem um foco claro e permitem uma avaliação mais precisa do progresso alcançado.

Mensurabilidade: É importante que as metas sejam mensuráveis, ou seja, que seja possível quantificar e avaliar o progresso em relação a elas.

Isso pode ser feito por meio de indicadores-chave de desempenho (KPIs) relevantes para o negócio, como receita, lucratividade, satisfação do cliente ou número de projetos concluídos.

Ter métricas claras ajuda a monitorar o progresso e identificar áreas que precisam ser aprimoradas.

Alcançabilidade: As metas devem ser desafiadoras, mas também realistas e alcançáveis.

É importante considerar os recursos disponíveis, a capacidade da equipe e as condições do mercado ao estabelecer metas.

Metas inalcançáveis podem levar à frustração e falta de motivação, enquanto metas realistas e desafiadoras impulsionam o crescimento e o desenvolvimento.

Relevância: As metas devem estar alinhadas com a visão e os objetivos estratégicos do negócio.

Elas devem refletir os aspectos mais importantes para o sucesso da empresa e abordar os desafios e oportunidades identificados na análise de mercado.

Metas relevantes garantem que os esforços estejam direcionados para impulsionar o crescimento e atender às necessidades dos clientes e do mercado.

Prazo: As metas devem ter um prazo definido para serem alcançadas.

Estabelecer prazos realistas cria um senso de urgência e ajuda a manter o foco e o comprometimento.

É comum estabelecer metas de curto prazo, que podem ser alcançadas em um período de 1 a 3 anos, e metas de longo prazo, que podem ser alcançadas em um período de 3 a 5 anos.

Ter metas de diferentes prazos permite um planejamento estratégico abrangente e uma visão de longo prazo para o crescimento do negócio.

Ao estabelecer metas de curto e longo prazo, é importante revisá-las periodicamente e ajustá-las de acordo com as mudanças nas condições do mercado, recursos disponíveis e outras variáveis relevantes.

As metas devem ser desafiadoras o suficiente para motivar a equipe, mas também flexíveis o bastante para se adaptar às circunstâncias em evolução.

Estratégias de Marketing e Vendas: As estratégias de marketing e vendas desempenham um papel fundamental no sucesso de um negócio na engenharia civil.

Elas são responsáveis por atrair e reter clientes, identificar canais de distribuição eficazes, definir estratégias de pricing adequadas, promover os produtos ou serviços oferecidos e garantir o fechamento de vendas.

Aqui estão alguns aspectos-chave a serem considerados ao desenvolver essas estratégias:

Identificação do público-alvo: Antes de implementar qualquer estratégia de marketing e vendas, é crucial compreender o público-alvo do negócio. Isso envolve segmentar o mercado e identificar os clientes em potencial que têm maior probabilidade de se interessar pelos produtos ou serviços oferecidos.

A segmentação de mercado permite direcionar os esforços de marketing e vendas de maneira mais eficaz, personalizando as mensagens e as abordagens para atender às necessidades e aos interesses específicos dos diferentes segmentos.

Canais de distribuição: Determinar os canais de distribuição adequados é essencial para alcançar os clientes de forma eficiente.

Isso pode envolver a venda direta, por meio de equipes de vendas internas ou externas, ou a utilização de canais indiretos, como distribuidores, revendedores ou parcerias estratégicas.

A escolha dos canais de distribuição deve levar em consideração fatores como a natureza dos produtos ou serviços, a localização geográfica dos clientes e a preferência do mercado.

Estratégias de pricing: Definir a estratégia de pricing correta é fundamental para o sucesso do negócio.

Isso envolve determinar os preços dos produtos ou serviços com base em fatores como custos de produção, valor percebido pelos clientes, estratégias de concorrência e metas financeiras.

É importante encontrar um equilíbrio entre preços competitivos e rentabilidade, levando em consideração a proposta de valor oferecida e a sensibilidade dos clientes em relação aos preços.

Promoção e publicidade: Desenvolver estratégias de promoção e publicidade eficazes é essencial para aumentar a visibilidade do negócio e atrair clientes.

Isso pode envolver o uso de diversos canais de comunicação, como publicidade tradicional, marketing digital, mídias sociais, eventos do setor e relações públicas.

É importante adaptar as estratégias de promoção e publicidade para atingir o público-alvo de maneira adequada e transmitir a mensagem correta sobre os benefícios e diferenciais do negócio.

Gestão de vendas: Implementar uma estratégia de gestão de vendas eficaz é fundamental para maximizar as oportunidades de venda e garantir o fechamento de negócios.

Isso envolve o treinamento e capacitação adequados da equipe de vendas, estabelecimento de metas de vendas claras, monitoramento do desempenho das vendas, gestão do relacionamento com os clientes e desenvolvimento de processos eficientes para facilitar o fluxo de vendas.

É importante ressaltar que as estratégias de marketing e vendas devem ser flexíveis e estar sujeitas a ajustes conforme o negócio evolui e as condições do mercado mudam.

Monitorar os resultados, ouvir os clientes e adaptar as estratégias são práticas essenciais para garantir o sucesso a longo prazo e manter uma vantagem competitiva no mercado.

Estratégias de Crescimento: As estratégias de crescimento são essenciais para impulsionar o negócio da engenharia civil e alcançar resultados sustentáveis a longo prazo.

Elas visam expandir a presença da empresa, aumentar sua participação de mercado, diversificar suas ofertas e criar vantagens competitivas.

Aqui estão algumas estratégias comuns de crescimento que podem ser consideradas:

Expansão geográfica: Uma estratégia de expansão geográfica envolve levar os produtos ou serviços da empresa para novas regiões ou mercados. Isso pode ser feito por meio da abertura de filiais, estabelecimento de parcerias com empresas locais ou até mesmo por meio da exportação de produtos ou serviços.

A expansão geográfica permite atingir novos clientes e explorar oportunidades de negócios em áreas anteriormente inexploradas.

Diversificação de produtos ou serviços: A diversificação é uma estratégia que envolve o desenvolvimento e a oferta de novos produtos ou serviços para atender às necessidades de diferentes segmentos de mercado.

Isso pode ser feito por meio de inovação interna, aquisição de empresas especializadas ou parcerias estratégicas.

A diversificação permite reduzir a dependência de um único produto ou mercado e explorar novas oportunidades de crescimento.

Parcerias estratégicas: Estabelecer parcerias estratégicas com outras empresas pode ser uma forma eficaz de impulsionar o crescimento. Isso pode envolver parcerias de distribuição, colaboração em projetos específicos, compartilhamento de recursos ou até mesmo joint ventures.

As parcerias estratégicas permitem aproveitar as capacidades complementares das empresas envolvidas, alcançar maior escala e expandir a oferta de produtos ou serviços.

Fusões e aquisições: A realização de fusões e aquisições é uma estratégia que envolve a integração de empresas para criar uma organização maior e mais forte. Isso pode ser feito para expandir a base de clientes, adquirir novas competências ou ampliar a presença geográfica.

As fusões e aquisições podem permitir acesso a novos mercados, tecnologias avançadas ou talentos especializados, acelerando o crescimento do negócio.

Inovação tecnológica: Investir em inovação tecnológica é uma estratégia que pode impulsionar o crescimento e a competitividade do negócio.

Isso pode envolver o desenvolvimento de novas soluções tecnológicas, a adoção de tecnologias emergentes ou a implementação de processos mais eficientes e automatizados.

A inovação tecnológica pode gerar diferenciação no mercado, melhorar a produtividade e oferecer soluções mais avançadas aos clientes.

Expansão de nicho: Em vez de buscar uma expansão generalizada, algumas empresas optam por se especializar em nichos específicos de mercado.

Isso envolve identificar segmentos de mercado com necessidades distintas e desenvolver uma proposta de valor única para atendê-los.

A expansão de nicho permite uma maior personalização dos produtos ou serviços e a criação de uma posição competitiva sólida em um mercado-alvo específico.

Ao desenvolver as estratégias de crescimento, é importante considerar a viabilidade financeira, a capacidade de execução e o alinhamento com os objetivos e valores da empresa.

Cada estratégia possui benefícios e desafios específicos, e a escolha adequada dependerá das características do mercado, dos recursos disponíveis e das metas de longo prazo do negócio.

É recomendável realizar análises detalhadas e avaliar cuidadosamente os riscos e oportunidades antes de implementar as estratégias de crescimento.

Estrutura Organizacional e Gestão do Negócio

Essa seção aborda a estrutura organizacional do negócio, incluindo as funções e responsabilidades dos membros da equipe, bem como a gestão do negócio.

Alguns pontos a serem considerados são:

Estrutura Organizacional: A estrutura organizacional é a forma como as atividades, tarefas e responsabilidades são distribuídas dentro de uma empresa.

Ela descreve a hierarquia e a divisão de trabalho, definindo os cargos e as funções de cada membro da equipe.

Uma estrutura organizacional eficiente e claramente definida é crucial para garantir que todas as atividades sejam realizadas de maneira coordenada e que haja uma clara compreensão das responsabilidades de cada pessoa envolvida no negócio.

Ao desenvolver a estrutura organizacional, é importante considerar o tamanho e a complexidade da empresa, as necessidades operacionais e a estratégia de negócios.

Aqui estão alguns elementos comuns que podem ser incluídos na descrição da estrutura organizacional:

Cargos e títulos: Descreva os diferentes cargos existentes na empresa, desde cargos de liderança até cargos operacionais.

Isso pode incluir, por exemplo, diretor executivo, gerentes de departamento, engenheiros, técnicos, analistas, entre outros.

Cada cargo deve ter um título e uma breve descrição das principais responsabilidades.

Hierarquia: Indique a estrutura hierárquica da empresa, mostrando a relação de supervisão e subordinação entre os diferentes cargos.

Isso pode ser apresentado por meio de um organograma, destacando os níveis de gestão e as linhas de autoridade.

Responsabilidades: Detalhe as responsabilidades de cada cargo, descrevendo as principais tarefas e atividades a serem realizadas.

Isso ajudará a estabelecer claramente as expectativas e a evitar conflitos de papel dentro da equipe.

Comunicação e colaboração: Descreva como a comunicação e a colaboração serão facilitadas dentro da estrutura organizacional.

Isso pode incluir canais de comunicação formais, reuniões regulares, equipes de projeto, entre outros.

O objetivo é garantir uma comunicação eficiente e uma colaboração adequada entre os membros da equipe.

Flexibilidade e adaptabilidade: Considere a necessidade de flexibilidade e adaptabilidade na estrutura organizacional.

À medida que o negócio cresce e se desenvolve, pode ser necessário realizar ajustes na estrutura para acomodar mudanças e novas demandas.

Certifique-se de que a estrutura seja flexível o suficiente para permitir a evolução do negócio.

Além disso, é importante definir claramente as linhas de responsabilidade e autoridade, promover a comunicação eficaz entre os membros da equipe, incentivar a colaboração e estabelecer um ambiente de trabalho saudável.

A estrutura organizacional deve ser revisada periodicamente para garantir que continue atendendo às necessidades do negócio em constante evolução.

Equipe de Gestão: A equipe de gestão é composta pelos líderes e executivos responsáveis por tomar decisões estratégicas e operacionais no negócio.

Eles desempenham um papel fundamental no direcionamento e no sucesso da empresa.

Ao apresentar a equipe de gestão no plano de negócios, é importante destacar as experiências, qualificações e papéis de cada membro, fornecendo uma visão clara de como eles contribuem para o crescimento e a eficiência do negócio.

A seguir, estão alguns elementos-chave a serem desenvolvidos e aprofundados ao apresentar a equipe de gestão no plano de negócios:

Experiências e qualificações: Destaque as experiências relevantes e as qualificações de cada membro da equipe de gestão.

Isso pode incluir sua formação acadêmica, experiência profissional anterior, certificações relevantes e realizações significativas.

Demonstre como essas experiências e qualificações contribuem para a capacidade da equipe em enfrentar os desafios específicos do setor da engenharia civil.

Papéis e responsabilidades: Descreva os papéis e as responsabilidades de cada membro da equipe de gestão.

Isso pode envolver funções como diretor executivo, diretor de operações, diretor financeiro, diretor de vendas e marketing, entre outros.

Explique como cada membro contribui para a tomada de decisões, a implementação das estratégias e o alcance dos objetivos do negócio.

Competências complementares: Destaque as competências complementares da equipe de gestão.

Cada membro pode ter habilidades e conhecimentos específicos que se complementam, criando uma equipe diversificada e capaz de abordar várias áreas do negócio.

Por exemplo, um membro pode ter experiência em gestão de projetos, enquanto outro pode ter habilidades financeiras ou expertise técnica.

Essa combinação de competências ajuda a fortalecer a capacidade da equipe de lidar com os desafios do setor.

Sucessos anteriores: Mencione os sucessos anteriores da equipe de gestão, se aplicável.

Isso pode incluir projetos concluídos com êxito, reconhecimentos ou prêmios recebidos, conquistas financeiras, parcerias estratégicas estabelecidas, entre outros.

Esses sucessos demonstram a capacidade da equipe de enfrentar desafios e obter resultados positivos, gerando confiança para investidores e parceiros de negócios.

Planos de desenvolvimento: Discuta os planos de desenvolvimento para a equipe de gestão.

Isso pode envolver programas de treinamento, aquisição de novas habilidades ou desenvolvimento de competências específicas necessárias para atender às demandas do negócio.

Mostrar que a equipe de gestão está em constante aprendizado e aprimoramento demonstra um compromisso com o crescimento pessoal e profissional, além de contribuir para o desenvolvimento sustentável da empresa.

Lembre-se de que a apresentação da equipe de gestão deve ser convincente e inspiradora, destacando o potencial e a capacidade da equipe em levar o negócio ao sucesso.

Isso ajudará a transmitir confiança aos leitores do plano de negócios, incluindo investidores, parceiros e potenciais clientes.

Plano de Gestão: O plano de gestão é uma parte essencial do plano de negócios, pois descreve como a empresa será gerenciada em todos os aspectos.

Ele abrange desde a tomada de decisões até a comunicação interna, gestão de projetos e desenvolvimento de competências.

Desenvolver e aprofundar esse trecho é crucial para demonstrar como a empresa será conduzida de forma eficaz e eficiente.

Aqui estão alguns elementos importantes para serem considerados ao descrever o plano de gestão:

Tomada de decisões: Explique como as decisões serão tomadas dentro da organização.

Descreva se a empresa adotará uma abordagem mais centralizada, com as decisões sendo tomadas por um pequeno grupo de líderes, ou se haverá uma abordagem mais descentralizada, onde a tomada de decisões será delegada para diferentes níveis da organização.

Discuta também os critérios utilizados na tomada de decisões, como análise de dados, consultas a especialistas ou considerações estratégicas.

Comunicação interna: Descreva como a comunicação será estabelecida e mantida dentro da empresa.

Isso inclui canais de comunicação formais e informais, reuniões regulares, uso de ferramentas de comunicação digital e políticas de transparência.

Uma comunicação eficaz é essencial para garantir que as informações fluam de maneira adequada, as metas sejam compreendidas e os problemas sejam resolvidos de forma colaborativa.

Gestão de projetos: Aborde como os projetos serão gerenciados dentro da empresa.

Descreva a metodologia ou abordagem utilizada, como o uso de metodologias ágeis ou tradicionais, e como serão designados os responsáveis pelos projetos.

Discuta também os processos de monitoramento, controle e avaliação de projetos para garantir o cumprimento dos prazos, orçamentos e metas estabelecidas.

Desenvolvimento de competências: Apresente como a empresa irá promover o desenvolvimento de competências dos membros da equipe.

Descreva programas de treinamento e capacitação, parcerias com instituições educacionais ou ações específicas para estimular o aprendizado contínuo e o crescimento profissional.

Destaque a importância de desenvolver habilidades técnicas e comportamentais para enfrentar os desafios do mercado e garantir a competitividade da empresa.

Monitoramento e avaliação: Discuta como a empresa irá monitorar e avaliar o desempenho de suas atividades e projetos.

Descreva os indicadores-chave de desempenho (KPIs) que serão utilizados, bem como a frequência e os métodos de avaliação.

Além disso, mencione como serão realizadas análises periódicas para identificar oportunidades de melhoria e corrigir possíveis desvios em relação às metas estabelecidas.

É importante lembrar que o plano de gestão deve ser flexível e adaptável, capaz de lidar com mudanças e desafios que possam surgir ao longo do tempo.

Uma gestão eficaz é fundamental para o sucesso do negócio, pois ela coordena e direciona os recursos da empresa de forma estratégica, promovendo o alcance dos objetivos estabelecidos.

Financiamento e Viabilidade

Fontes de Financiamento Disponíveis

Garantir o financiamento necessário para iniciar e expandir um negócio na área da engenharia civil é, de fato, um desafio enfrentado pelos empreendedores.

A engenharia civil é uma indústria que demanda investimentos significativos em recursos, equipamentos, materiais e mão de obra qualificada.

Além disso, os projetos de engenharia civil geralmente têm um ciclo de vida longo e envolvem riscos consideráveis, o que pode afetar a disponibilidade de financiamento por parte de instituições financeiras e investidores.

Para superar esse desafio, os empreendedores precisam adotar uma abordagem estratégica para garantir o financiamento necessário.

Aqui estão algumas estratégias e opções de financiamento que podem ser consideradas:

Capital Próprio: A utilização de recursos financeiros próprios, também conhecida como capital próprio, é uma opção comum para empreendedores na engenharia civil que desejam iniciar ou expandir seus negócios.

Nesse caso, o empreendedor utiliza seus próprios fundos, como economias pessoais, investimentos prévios ou até mesmo a venda de ativos pessoais, para financiar as atividades do negócio.

A utilização de capital próprio oferece algumas vantagens significativas.

Em primeiro lugar, permite ao empreendedor manter o controle total sobre o negócio, sem a necessidade de compartilhar decisões estratégicas ou participação acionária com terceiros.

Isso garante maior liberdade na condução das operações e na implementação de estratégias.

Além disso, utilizar capital próprio demonstra um comprometimento financeiro do empreendedor com o negócio.

Isso pode ser visto como um sinal de confiança e dedicação, o que pode atrair potenciais investidores ou parceiros comerciais.

Quando os empreendedores demonstram sua própria confiança no negócio, isso pode influenciar positivamente a percepção de terceiros sobre a viabilidade e o potencial de sucesso da empresa.

No entanto, é importante considerar alguns aspectos ao utilizar capital próprio. Em primeiro lugar, o empreendedor precisa avaliar se possui recursos financeiros suficientes para cobrir as necessidades iniciais e as demandas futuras do negócio.

É necessário realizar uma análise detalhada dos custos envolvidos, como investimentos em infraestrutura, contratação de pessoal, aquisição de equipamentos e marketing.

Outro aspecto a ser considerado é o equilíbrio entre o capital próprio e o capital de terceiros.

Dependendo da escala do negócio e das ambições de crescimento, pode ser necessário buscar financiamento adicional para complementar o capital próprio e fornecer uma base financeira mais sólida.

Essa combinação de recursos pode ajudar a reduzir os riscos e aumentar as oportunidades de crescimento.

Por fim, é importante ressaltar que utilizar capital próprio não significa que o empreendedor esteja isento de riscos financeiros.

Os empreendimentos na engenharia civil envolvem desafios e incertezas, e é fundamental que o empreendedor esteja preparado para enfrentar possíveis adversidades.

É recomendável realizar uma análise minuciosa dos riscos e criar planos de contingência para garantir a sustentabilidade financeira do negócio.

Em resumo, a utilização de capital próprio como forma de financiamento oferece autonomia e demonstra comprometimento por parte do empreendedor.

No entanto, é essencial avaliar cuidadosamente a capacidade financeira individual, considerar a necessidade de capital de terceiros e estar preparado para lidar com os riscos inerentes ao empreendimento na engenharia civil.

Empréstimos Bancários: A obtenção de empréstimos bancários é uma opção comum para empreendedores na engenharia civil que necessitam de capital para iniciar ou expandir seus negócios.

Esses empréstimos são concedidos por instituições financeiras, como bancos, e são uma forma de financiamento que permite aos empreendedores obter os recursos necessários para suas atividades comerciais.

Uma das principais vantagens dos empréstimos bancários é a disponibilidade de capital substancial.

As instituições financeiras podem oferecer empréstimos de grande porte, o que é especialmente útil para empreendimentos de grande escala na engenharia civil, que exigem investimentos significativos em equipamentos, materiais e mão de obra.

Esses recursos podem ser utilizados para cobrir despesas iniciais, expandir a capacidade produtiva, adquirir novos equipamentos ou até mesmo financiar projetos de longo prazo.

Outra vantagem dos empréstimos bancários é que eles geralmente têm taxas de juros e prazos de pagamento predefinidos.

Isso permite ao empreendedor planejar seus fluxos de caixa e orçamentos com maior precisão. Além disso, as instituições financeiras costumam oferecer diferentes opções de empréstimo, como empréstimos de curto prazo e empréstimos de longo prazo, permitindo ao empreendedor escolher a opção mais adequada às necessidades do seu negócio.

No entanto, é importante ressaltar que a obtenção de empréstimos bancários também envolve algumas considerações importantes.

As instituições financeiras geralmente exigem garantias para a concessão do empréstimo, o que pode incluir ativos do negócio ou garantias pessoais dos empreendedores.

Isso significa que em caso de inadimplência no pagamento do empréstimo, as garantias podem ser executadas, resultando em perda de ativos ou problemas financeiros pessoais.

Além disso, as instituições financeiras analisam criteriosamente a capacidade de pagamento e a viabilidade do negócio antes de aprovar um empréstimo.

Os empreendedores devem apresentar um plano de negócios sólido, demonstrando a capacidade de gerar receita e cumprir com as obrigações financeiras.

A análise de crédito também leva em consideração o histórico de crédito do empreendedor e a saúde financeira da empresa.

Outro fator importante a ser considerado são as taxas de juros e as condições de pagamento. As taxas de juros podem variar dependendo do perfil de crédito do empreendedor e das condições de mercado.

É importante comparar as ofertas de diferentes instituições financeiras para encontrar a opção mais vantajosa em termos de taxas de juros, prazos de pagamento e flexibilidade das condições.

Em resumo, os empréstimos bancários são uma forma comum de financiamento para empreendedores na engenharia civil.

Eles oferecem acesso a capital substancial, taxas de juros predefinidas e prazos de pagamento específicos.

No entanto, é necessário considerar as garantias exigidas, a análise de crédito, as taxas de juros e as condições de pagamento para garantir que o empréstimo seja viável e beneficie o negócio a longo prazo.

Investidores Anjos: Os investidores anjos desempenham um papel crucial no financiamento de empreendimentos na engenharia civil.

Eles são indivíduos de alto patrimônio líquido que investem seu próprio capital em empresas em estágio inicial, em troca de participação acionária no negócio.

Esses investidores são chamados de "anjos" porque costumam fornecer apoio financeiro e orientação estratégica para ajudar os empreendedores a impulsionar o crescimento de seus negócios.

Uma das principais vantagens de atrair investidores anjos é o acesso a capital externo.

Esses investidores estão dispostos a investir em negócios promissores e inovadores na engenharia civil, desde que vejam um potencial de retorno significativo em seus investimentos.

Eles trazem capital fresco para o negócio, o que pode ser utilizado para financiar aquisição de equipamentos, expansão de operações, contratação de equipe qualificada e desenvolvimento de produtos ou serviços.

Além do financiamento, os investidores anjos também trazem consigo uma riqueza de conhecimento e experiência nos setores relevantes.

Muitas vezes, eles são empreendedores ou executivos bem-sucedidos que já passaram por desafios semelhantes aos enfrentados pelos empreendedores na engenharia civil.

Sua experiência e rede de contatos podem ser inestimáveis para os empreendedores, fornecendo orientação estratégica, conexões com potenciais clientes e parceiros, e insights sobre as melhores práticas do setor.

Outra vantagem dos investidores anjos é que eles geralmente estão dispostos a assumir riscos em estágios iniciais do negócio, quando outras fontes de financiamento podem ser mais difíceis de obter.

Diferentemente das instituições financeiras tradicionais, os investidores anjos estão dispostos a investir em ideias inovadoras e empreendedores promissores, mesmo que o retorno do investimento não seja garantido.

Eles acreditam no potencial do negócio e estão dispostos a assumir riscos calculados em troca de participação acionária e possível valorização futura.

No entanto, atrair investidores anjos requer uma estratégia cuidadosa.

Os empreendedores precisam desenvolver um plano de negócios sólido e convincente, demonstrando o potencial de crescimento e retorno do investimento.

É essencial comunicar claramente a proposta de valor do negócio, os diferenciais competitivos e a estratégia de mercado.

Além disso, é importante estabelecer um relacionamento de confiança e transparência com os investidores anjos, fornecendo informações claras sobre o desempenho do negócio e mantendo uma comunicação aberta ao longo do processo.

Em resumo, os investidores anjos são parceiros de investimento valiosos para empreendedores na engenharia civil.

Eles fornecem capital, conhecimento e experiência, ajudando a impulsionar o crescimento do negócio.

Atrair investidores anjos exige um plano de negócios sólido, além de estabelecer uma relação de confiança e transparência.

Com o apoio desses investidores, os empreendedores têm a oportunidade de levar seus negócios a novos patamares e alcançar o sucesso desejado.

Capital de Risco: O capital de risco refere-se a investidores institucionais ou empresas de investimento que fornecem financiamento para empresas em estágio inicial com alto potencial de crescimento.

Esses investidores estão dispostos a assumir riscos significativos em troca de uma participação acionária no negócio.

Eles buscam oportunidades de investimento em empresas que possam se tornar líderes de mercado e gerar retornos substanciais no futuro.

Uma das principais vantagens do capital de risco é o acesso a um montante significativo de capital para financiar o crescimento do negócio.

Esses investidores estão dispostos a fazer investimentos substanciais, o que pode permitir a expansão das operações, aquisição de tecnologia avançada, contratação de talentos-chave e desenvolvimento de produtos ou serviços inovadores.

Além do financiamento, os investidores de capital de risco também trazem consigo uma vasta experiência em negócios, conhecimento do setor e uma rede valiosa de contatos.

No entanto, o capital de risco também apresenta desafios. Os investidores de capital de risco geralmente buscam retornos significativos em um período relativamente curto de tempo.

Eles estão interessados em empresas que demonstrem um alto potencial de crescimento e que possam oferecer um caminho claro para uma eventual saída, como uma oferta pública inicial (IPO) ou aquisição por uma empresa maior.

Portanto, os empreendedores precisam estar preparados para lidar com expectativas e pressões adicionais para atingir metas de crescimento e retornos financeiros.

Financiamento Coletivo: O financiamento coletivo, também conhecido como crowdfunding, é uma forma de financiamento em que várias pessoas contribuem com recursos financeiros para apoiar um projeto, negócio ou empreendimento.

Geralmente, isso ocorre por meio de plataformas online dedicadas, onde os empreendedores podem apresentar sua ideia, estabelecer metas de financiamento e incentivar as pessoas a fazerem doações ou investimentos.

O financiamento coletivo oferece uma série de benefícios para os empreendedores na engenharia civil.

Em primeiro lugar, é uma forma de obter capital sem recorrer a instituições financeiras tradicionais ou investidores de capital de risco.

Isso pode ser especialmente útil para projetos menores, iniciativas comunitárias ou empreendedores que estão começando e não têm acesso a outras formas de financiamento.

Além disso, o financiamento coletivo também pode servir como uma validação inicial da ideia de negócio, pois o interesse e o apoio demonstrados pelos contribuintes podem indicar uma demanda potencial no mercado.

No entanto, o financiamento coletivo também apresenta desafios.

Os empreendedores precisam criar campanhas de crowdfunding convincentes, que transmitam claramente o propósito do projeto, os benefícios para os apoiadores e as metas a serem alcançadas.

Além disso, é necessário investir tempo e esforço na promoção da campanha, pois a visibilidade e o alcance podem ser fatores determinantes para o sucesso.

Por fim, é importante lembrar que, ao utilizar o financiamento coletivo, os empreendedores devem estar preparados para prestar contas aos seus apoiadores e cumprir com as obrigações estabelecidas.

Em resumo, tanto o capital de risco quanto o financiamento coletivo oferecem opções interessantes para os empreendedores na engenharia civil obterem o financiamento necessário para seus negócios.

Cada abordagem tem suas vantagens e desafios, e é importante avaliar cuidadosamente qual delas se adequa melhor às necessidades específicas do empreendimento.

Subsídios e Incentivos Governamentais: Subsídios e incentivos governamentais são recursos financeiros, programas e políticas implementados pelo governo para apoiar empreendimentos na engenharia civil.

Essas iniciativas visam estimular o desenvolvimento do setor, impulsionar a economia, promover a inovação e atender às necessidades da sociedade.

Através desses subsídios e incentivos, o governo busca criar um ambiente favorável para o crescimento e sucesso dos empreendedores no setor da engenharia civil.

Existem diferentes tipos de subsídios e incentivos governamentais disponíveis, e sua disponibilidade e elegibilidade variam de acordo com a região, país e políticas específicas.

Alguns exemplos comuns incluem:

Subsídios financeiros: Os subsídios financeiros fornecem recursos monetários diretos para apoiar projetos e empreendimentos na engenharia civil.

Eles podem ser utilizados para cobrir despesas relacionadas à pesquisa e desenvolvimento, investimentos em infraestrutura, aquisição de equipamentos especializados, treinamento de pessoal, entre outros.

Esses subsídios podem ser fornecidos por meio de programas governamentais específicos ou agências de desenvolvimento econômico.

Incentivos fiscais: Os incentivos fiscais são benefícios tributários oferecidos pelo governo para reduzir a carga fiscal sobre as empresas e empreendedores da engenharia civil.

Isso pode incluir isenções fiscais, redução de impostos sobre a renda, descontos fiscais em determinadas atividades ou investimentos, entre outros.

Esses incentivos têm o objetivo de estimular os investimentos no setor, promover o crescimento econômico e incentivar a geração de empregos.

Programas de apoio técnico e consultoria: Além dos recursos financeiros, o governo também pode oferecer programas de apoio técnico e consultoria para auxiliar empreendedores na engenharia civil.

Esses programas podem incluir orientação empresarial, treinamento especializado, suporte técnico e acesso a especialistas do setor.

Essa forma de suporte busca fornecer conhecimentos e habilidades adicionais aos empreendedores, permitindo-lhes enfrentar desafios específicos e aproveitar oportunidades de negócios.

Parcerias público-privadas: As parcerias público-privadas (PPP) são colaborações entre o setor público e empresas privadas para desenvolver e gerenciar projetos de infraestrutura.

Nesse modelo, o governo fornece incentivos, como financiamento, concessões ou garantias, enquanto o setor privado assume a responsabilidade pela concepção, construção, operação e manutenção de projetos de engenharia civil.

Essas parcerias são uma forma eficaz de alavancar recursos e experiência do setor privado para promover o desenvolvimento de infraestrutura e atender às necessidades da comunidade.

É importante destacar que a disponibilidade e os critérios de elegibilidade para subsídios e incentivos governamentais podem variar dependendo do país, região e setor específico da engenharia civil.

Os empreendedores devem realizar pesquisas aprofundadas e entrar em contato com as agências governamentais relevantes para obter informações precisas sobre os programas disponíveis e os requisitos de candidatura.

Além disso, é fundamental ter um plano de negócios sólido e documentar como o empreendimento contribuirá para o desenvolvimento econômico e social, a fim de aumentar as chances de obter subsídios e incentivos governamentais.

Análise de Viabilidade Financeira e Econômica

Antes de buscar financiamento, é fundamental realizar uma análise de viabilidade financeira e econômica do negócio.

Essa análise envolve a avaliação dos aspectos financeiros do empreendimento, como investimentos iniciais, fluxo de caixa, demonstrações financeiras e projeções de receitas e despesas.

Alguns pontos a serem abordados nessa seção incluem:

Investimento Inicial: O investimento inicial é uma parte crítica do plano financeiro de um empreendimento na engenharia civil.

Ele envolve a identificação e estimativa dos custos necessários para iniciar o negócio, incluindo equipamentos, materiais, pessoal e despesas administrativas.

Esses custos podem variar dependendo da natureza do empreendimento e das necessidades específicas do negócio.

Ao identificar os custos iniciais, é importante levar em consideração diversos fatores, como aquisição de equipamentos e ferramentas necessários para a execução dos projetos, compra de materiais e suprimentos, gastos com a contratação de pessoal qualificado, custos de licenciamento e registro, despesas de marketing e publicidade, despesas com a criação do espaço de trabalho e escritório, entre outros.

É fundamental realizar uma pesquisa detalhada de mercado e obter cotações de fornecedores e prestadores de serviços para estimar com precisão esses custos.

Além disso, é importante considerar também os custos operacionais iniciais, como despesas de aluguel, serviços públicos, salários e encargos, marketing contínuo e outros custos recorrentes que ocorrerão nos estágios iniciais do negócio.

Fluxo de Caixa: O fluxo de caixa é uma projeção das entradas e saídas de dinheiro ao longo do tempo.

Ele descreve a maneira como o dinheiro entra e sai do negócio, permitindo uma análise detalhada da liquidez financeira do empreendimento.

O fluxo de caixa é uma ferramenta essencial para monitorar e planejar as necessidades financeiras do negócio, permitindo que os empreendedores identifiquem períodos de déficit de caixa, tomem decisões estratégicas para melhorar a gestão financeira e avaliem a capacidade de pagamento de despesas e investimentos adicionais.

Ao estimar o fluxo de caixa, é importante considerar tanto os custos fixos quanto os custos variáveis.

Os custos fixos são despesas que não variam com a produção ou vendas, como aluguel, salários, serviços públicos e seguros.

Os custos variáveis estão diretamente relacionados à produção ou vendas, como materiais, mão de obra adicional e comissões de vendas.

Além disso, é necessário projetar as receitas esperadas com base nas vendas previstas, considerando o preço de venda, volume de vendas e prazos de pagamento dos clientes.

É importante ser realista ao estimar as receitas, levando em consideração fatores como a concorrência, a demanda do mercado e a capacidade de execução do negócio.

Ao projetar o fluxo de caixa, também é importante considerar os investimentos adicionais necessários ao longo do tempo, como a aquisição de novos equipamentos, expansão do espaço físico ou investimentos em marketing e publicidade.

Uma análise cuidadosa do fluxo de caixa permite que os empreendedores identifiquem momentos de maior necessidade de capital, planejem a captação de recursos, evitem problemas de liquidez e tomem decisões informadas para garantir a saúde financeira do empreendimento.

Demonstrativos Financeiros: Os demonstrativos financeiros são ferramentas fundamentais para avaliar a saúde financeira de um negócio na engenharia civil.

Eles fornecem informações sobre a posição financeira, o desempenho operacional e as atividades de investimento e financiamento da empresa.

Os principais demonstrativos financeiros incluem o balanço patrimonial, a demonstração de resultados e a demonstração de fluxo de caixa.

O balanço patrimonial é um resumo das posições financeiras do negócio em um determinado momento.

Ele mostra os ativos (bens e direitos), passivos (obrigações) e o patrimônio líquido da empresa. O balanço patrimonial fornece uma visão geral dos recursos disponíveis, da capacidade de pagamento de dívidas e da posição de investimento da empresa.

A demonstração de resultados, também conhecida como demonstração de lucros e perdas, apresenta as receitas, despesas e lucros ou prejuízos líquidos gerados durante um determinado período.

Essa demonstração é importante para avaliar o desempenho operacional do negócio, identificar fontes de receita, categorizar as despesas e determinar a lucratividade da empresa.

A demonstração de fluxo de caixa fornece informações sobre as entradas e saídas de caixa durante um período de tempo.

Ela mostra como o dinheiro está sendo gerado e usado no negócio, incluindo fluxos de caixa operacionais, de investimento e de financiamento.

Essa demonstração é crucial para avaliar a liquidez do negócio, identificar fontes de caixa e determinar a capacidade de cumprir obrigações financeiras.

Análise de Ponto de Equilíbrio: A análise de ponto de equilíbrio é uma ferramenta importante para avaliar a viabilidade financeira de um negócio na engenharia civil.

Ela permite determinar o nível de vendas necessário para que as receitas se igualem às despesas, ou seja, o ponto em que o negócio não está gerando lucro nem prejuízo.

Ao calcular o ponto de equilíbrio, é necessário levar em consideração as variáveis que afetam as receitas e as despesas, como o preço de venda, os custos variáveis e fixos e o volume de vendas.

Essa análise permite aos empreendedores entender a quantidade mínima de vendas necessárias para cobrir todos os custos operacionais e obter lucro.

Além de determinar o ponto de equilíbrio, a análise pode ser estendida para avaliar diferentes cenários e identificar oportunidades de lucro.

Por exemplo, pode-se realizar uma análise de sensibilidade para determinar como variações nos custos, no volume de vendas ou nos preços de venda afetam a lucratividade do negócio.

A análise de ponto de equilíbrio ajuda os empreendedores a entender a viabilidade financeira do negócio, identificar oportunidades de redução de custos, ajustar os preços de venda e tomar decisões estratégicas para melhorar a lucratividade.

É uma ferramenta valiosa para a gestão financeira e o planejamento de negócios.

Estratégias para Obter Financiamento e Parcerias Estratégicas

Nesta seção, serão apresentadas estratégias para obter financiamento e estabelecer parcerias estratégicas no setor da engenharia civil.

Alguns pontos importantes a serem abordados são:

Preparação de Propostas e Documentação:

A elaboração de propostas de financiamento convincentes e a preparação da documentação necessária desempenham um papel crucial na obtenção de recursos financeiros para empreendimentos na engenharia civil.

Uma proposta bem elaborada e a documentação adequada ajudam a transmitir a viabilidade e o potencial de retorno do investimento aos potenciais financiadores, como instituições financeiras, investidores ou agências governamentais.

Essas etapas envolvem diversos elementos:

Plano de Negócios: O plano de negócios é um documento detalhado que descreve a visão, os objetivos, a estratégia, a análise de mercado, a estrutura organizacional, o plano financeiro e outras informações relevantes sobre o negócio.

É fundamental para fornecer uma compreensão abrangente do empreendimento e convencer os financiadores sobre sua viabilidade e potencial de sucesso.

Demonstrativos Financeiros: Os demonstrativos financeiros, como o balanço patrimonial, a demonstração de resultados e a demonstração de fluxo de caixa, são componentes essenciais da documentação financeira.

Eles fornecem informações detalhadas sobre a saúde financeira atual e projetada do negócio, evidenciando a capacidade de geração de lucros, a eficiência operacional, a liquidez e a capacidade de pagamento de dívidas.

Projeções Financeiras: As projeções financeiras são estimativas futuras das receitas, despesas e fluxos de caixa do negócio.

Elas ajudam a demonstrar o potencial de crescimento, a lucratividade e a capacidade de retorno do investimento aos financiadores.

Essas projeções devem ser realistas, baseadas em dados e análises sólidas, e apresentar diferentes cenários para mostrar a robustez do empreendimento.

Networking e Relacionamentos:

Estabelecer conexões na indústria e desenvolver relacionamentos com potenciais investidores e parceiros desempenham um papel fundamental na obtenção de financiamento para empreendimentos na engenharia civil.

O networking efetivo permite que empreendedores se envolvam com pessoas influentes e experientes no setor, criando oportunidades de parcerias estratégicas e acesso a fontes de financiamento.

Algumas estratégias incluem:

Participação em Eventos do Setor: Participar de eventos, como conferências, workshops e feiras comerciais, oferece a oportunidade de conhecer e interagir com profissionais da indústria, investidores e potenciais parceiros.

Esses eventos fornecem um ambiente propício para compartilhar conhecimentos, trocar contatos e estabelecer relacionamentos de confiança.

Associações e Grupos Profissionais: Juntar-se a associações e grupos profissionais relacionados à engenharia civil permite acesso a uma rede estabelecida de profissionais do setor.

Essas organizações oferecem oportunidades de networking, eventos específicos para o setor e fóruns de discussão que podem levar a conexões valiosas e oportunidades de financiamento.

Parcerias Estratégicas: Buscar parcerias estratégicas com outras empresas, instituições de pesquisa, investidores ou organizações governamentais pode abrir portas para oportunidades de financiamento.

Essas parcerias podem fornecer acesso a recursos adicionais, expertise complementar e um respaldo adicional para a obtenção de financiamento.

Mentores e Consultores: Procurar mentores e consultores experientes na indústria da engenharia civil pode ser uma maneira eficaz de obter orientação, conselhos e conexões.

Esses profissionais têm conhecimento e experiência que podem ser valiosos para orientar o empreendimento, fornecer insights estratégicos e ajudar na busca de financiamento.

Ao combinar a preparação adequada de propostas e documentação convincentes com um networking efetivo e a construção de relacionamentos, os empreendedores na engenharia civil aumentam suas chances de obter o financiamento necessário para iniciar e expandir seus negócios.

Parcerias Estratégicas:

As parcerias estratégicas desempenham um papel importante no fortalecimento e crescimento de empreendimentos na engenharia civil.

Identificar e estabelecer parcerias com outras empresas do setor, como construtoras, fornecedores, instituições de pesquisa e órgãos governamentais, pode trazer diversos benefícios, incluindo:

Complementação de Competências: Ao estabelecer parcerias com outras empresas do setor, é possível aproveitar as competências e recursos complementares para desenvolver projetos e atender às demandas dos clientes de forma mais abrangente.

Por exemplo, uma construtora pode se associar a uma empresa de engenharia especializada em determinada área técnica, ampliando suas capacidades e oferecendo soluções mais completas aos clientes.

Acesso a Recursos e Tecnologias: Parcerias estratégicas podem proporcionar acesso a recursos, como equipamentos especializados, materiais inovadores e tecnologias avançadas.

Esses recursos podem melhorar a eficiência operacional, aumentar a qualidade dos serviços prestados e oferecer vantagens competitivas no mercado.

Além disso, a colaboração com instituições de pesquisa pode permitir o acesso a conhecimentos técnicos e inovações científicas em andamento.

Ampliação da Rede de Clientes: Ao estabelecer parcerias com construtoras, fornecedores e outros agentes do setor, é possível expandir a rede de clientes potenciais.

Por exemplo, uma empresa de engenharia civil que se associa a uma construtora renomada pode se beneficiar do acesso aos clientes dessa construtora, ampliando suas oportunidades de negócio e aumentando sua visibilidade no mercado.

Divisão de Riscos e Custos: Parcerias estratégicas também permitem a divisão de riscos e custos associados a determinados projetos ou empreendimentos.

Ao compartilhar recursos e responsabilidades, as empresas envolvidas podem reduzir sua exposição a riscos financeiros e operacionais, aumentando a capacidade de realização de projetos de maior porte e complexidade.

Acesso a Programas de Apoio:

A pesquisa de programas de apoio financeiro e incentivos governamentais é uma etapa fundamental para empreendimentos na engenharia civil.

Existem diversos programas oferecidos por instituições governamentais em diferentes níveis (municipal, estadual e federal) que visam apoiar e incentivar o setor.

Alguns benefícios desses programas incluem:

Financiamento Subsidiado: Muitos programas de apoio oferecem linhas de crédito com taxas de juros reduzidas, prazos estendidos e condições favoráveis de pagamento.

Isso pode facilitar o acesso ao capital necessário para investimentos em infraestrutura, equipamentos e recursos humanos.

Incentivos Fiscais: Alguns programas de apoio incluem incentivos fiscais, como redução de impostos ou isenções temporárias, para empresas do setor de engenharia civil.

Esses benefícios podem aliviar a carga tributária e aumentar a competitividade das empresas.

Subsídios e Bolsas: Programas de apoio governamental também podem oferecer subsídios e bolsas para projetos específicos, como pesquisas científicas, desenvolvimento tecnológico ou inovação na engenharia civil.

Esses recursos financeiros podem ser essenciais para impulsionar o crescimento e aprimorar a capacidade de inovação das empresas.

Parcerias Público-Privadas: Algumas iniciativas governamentais envolvem parcerias público-privadas, nas quais o governo se associa a empresas do setor privado para a realização de projetos de infraestrutura.

Essas parcerias podem oferecer oportunidades de negócio e acesso a financiamento para empresas da engenharia civil.

Em resumo, identificar e aproveitar parcerias estratégicas com outras empresas do setor, assim como buscar programas de apoio financeiro e incentivos governamentais, são estratégias fundamentais para impulsionar o crescimento e o sucesso de empreendimentos na engenharia civil.

Essas ações podem fornecer recursos, conhecimentos, acesso a clientes e oportunidades financeiras, contribuindo para a construção de um negócio sólido e competitivo.

Gerenciamento de Projetos e Execução

Práticas de Gerenciamento de Projetos Eficazes

O gerenciamento de projetos é uma disciplina fundamental para o sucesso dos empreendimentos na engenharia civil.

Ele envolve a aplicação de conhecimentos, habilidades, técnicas e ferramentas para planejar, executar e controlar as atividades de um projeto, garantindo que ele seja concluído dentro do prazo, orçamento e requisitos estabelecidos.

A seguir, serão explorados os principais aspectos que evidenciam a importância do gerenciamento de projetos na engenharia civil:

Definição de Objetivos e Escopo: A definição de objetivos e escopo é uma etapa essencial no início de um projeto na engenharia civil.

Ela envolve a identificação e a definição clara dos objetivos que o projeto visa alcançar, bem como a delimitação do trabalho a ser realizado.

Ao estabelecer os objetivos do projeto, é importante considerar as necessidades e expectativas dos stakeholders envolvidos.

 Os objetivos devem ser específicos, mensuráveis, alcançáveis, relevantes e com prazo definido (critérios SMART).

Por exemplo, um objetivo pode ser concluir a construção de uma ponte em determinado prazo, dentro do orçamento estabelecido, seguindo os regulamentos de segurança e qualidade.

A definição clara do escopo do projeto é fundamental para estabelecer os limites do trabalho a ser realizado.

Isso envolve identificar e documentar as principais entregas do projeto, ou seja, os produtos, serviços ou resultados que serão produzidos.

Por exemplo, no caso da construção de uma ponte, as principais entregas podem incluir o projeto estrutural, a fabricação dos materiais, a construção da infraestrutura e os testes de segurança.

Além das principais entregas, é importante identificar os limites do projeto, ou seja, o que está incluído e o que está excluído.

Isso ajuda a evitar expectativas irreais por parte dos stakeholders e garante que o trabalho a ser realizado esteja claramente definido.

Por exemplo, no caso da construção da ponte, o escopo pode excluir a construção de estradas de acesso ou o fornecimento de equipamentos temporários de construção.

A definição de objetivos e escopo requer um processo de análise e planejamento cuidadoso.

Isso geralmente envolve a colaboração de várias partes interessadas, como clientes, engenheiros, arquitetos e outros profissionais envolvidos no projeto.

É importante garantir que todos os envolvidos tenham uma compreensão comum dos objetivos e do escopo do projeto para evitar ambiguidades e conflitos durante a execução.

Uma vez que os objetivos e o escopo do projeto estejam claramente definidos, eles servirão como base para todas as decisões e atividades subsequentes.

Eles guiarão o planejamento, o design, a alocação de recursos, a execução e o controle do projeto.

Também facilitarão a comunicação eficaz entre a equipe do projeto e os stakeholders, permitindo que todos tenham uma visão clara do que será entregue e dos resultados esperados.

Em suma, a definição de objetivos e escopo é uma etapa crucial para o sucesso de um projeto na engenharia civil.

Ela estabelece os parâmetros dentro dos quais o projeto será executado, fornecendo uma base sólida para o planejamento e a execução eficaz do trabalho.

Uma definição clara e bem comunicada dos objetivos e do escopo ajuda a evitar problemas de entendimento, mantém as expectativas alinhadas e aumenta as chances de atingir os resultados desejados.

Estrutura de Divisão do Trabalho: A Estrutura de Divisão do Trabalho (EDT) é uma ferramenta fundamental no gerenciamento de projetos na engenharia civil.

Ela tem como objetivo organizar e visualizar de forma hierárquica as tarefas e atividades necessárias para a execução do projeto.

A EDT descreve a decomposição do trabalho em partes menores e mais gerenciáveis, tornando mais fácil a atribuição de responsabilidades, o acompanhamento do progresso e a identificação das dependências entre as atividades.

Ao criar uma EDT, é importante considerar a natureza do projeto, suas entregas e os recursos disponíveis.

A estrutura deve ser elaborada de forma lógica e coerente, dividindo o trabalho em pacotes de trabalho ou atividades que sejam significativos e gerenciáveis.

Cada pacote de trabalho deve ser atribuído a uma pessoa ou equipe responsável por sua execução.

A EDT é geralmente representada em forma de diagrama hierárquico, onde as principais entregas do projeto são representadas no nível mais alto da estrutura.

A partir dessas entregas, as tarefas são subdivididas em níveis inferiores, criando uma estrutura em árvore.

Cada nível inferior da estrutura representa um nível maior de detalhamento das atividades.

Além de descrever as tarefas e subatividades, a EDT também estabelece as dependências entre elas.

Isso significa identificar quais atividades devem ser concluídas antes que outras possam ser iniciadas.

Essas dependências podem ser representadas por meio de linhas de ligação no diagrama da EDT, indicando a sequência lógica das atividades.

Uma EDT bem elaborada traz diversos benefícios para o gerenciamento do projeto.

Ela proporciona uma visão clara da estrutura de trabalho, permitindo que os membros da equipe entendam suas responsabilidades e como suas atividades se relacionam com o todo.

Isso facilita a comunicação, o monitoramento do progresso e a identificação de possíveis problemas ou atrasos.

Além disso, a EDT ajuda a identificar as dependências críticas do projeto, ou seja, aquelas atividades que podem impactar o prazo geral do projeto se houver atrasos.

Com essa compreensão, o gerente de projeto pode priorizar recursos e esforços nas atividades mais críticas, garantindo que elas sejam concluídas dentro dos prazos estabelecidos.

A criação da EDT deve ser um processo colaborativo, envolvendo a participação de todas as partes relevantes do projeto.

Isso inclui a equipe do projeto, os stakeholders e os especialistas técnicos. O envolvimento de todos os participantes contribui para a precisão e a eficácia da estrutura, levando a uma melhor compreensão e aceitação geral do trabalho a ser realizado.

Em resumo, a Estrutura de Divisão do Trabalho é uma ferramenta essencial para o gerenciamento de projetos na engenharia civil.

Ela organiza as tarefas e atividades de forma hierárquica, atribui responsabilidades, identifica dependências e ajuda a monitorar o progresso do projeto.

Uma EDT bem elaborada fornece clareza, eficiência e controle sobre o trabalho a ser executado, contribuindo para o sucesso do projeto como um todo.

Alocação de Recursos: A alocação de recursos é uma etapa crucial no gerenciamento de projetos na engenharia civil.

Ela envolve a identificação e o fornecimento dos recursos necessários para executar o projeto de forma eficiente e eficaz.

Esses recursos podem incluir pessoal qualificado, equipamentos, materiais, financiamento e outros elementos necessários para a conclusão bem-sucedida do projeto.

A primeira etapa na alocação de recursos é a identificação dos recursos necessários com base no escopo do projeto e nas atividades definidas na Estrutura de Divisão do Trabalho (EDT).

Isso requer uma compreensão clara dos requisitos técnicos e operacionais de cada atividade, bem como uma estimativa realista dos recursos necessários para sua execução.

Em relação ao pessoal, é importante identificar as habilidades e experiências necessárias para cada atividade do projeto e designar as pessoas certas para desempenhar essas funções.

Isso pode envolver a contratação de novos funcionários, a alocação de membros da equipe existente ou até mesmo a contratação de consultores externos, dependendo da complexidade e escala do projeto.

Além do pessoal, a alocação de recursos também abrange a identificação e a aquisição de equipamentos adequados para o projeto.

Isso pode incluir máquinas, ferramentas, veículos, dispositivos de medição e qualquer outro equipamento necessário para realizar as atividades do projeto.

É essencial garantir que os recursos estejam disponíveis no momento certo e em condições adequadas de funcionamento.

A alocação de materiais é outra consideração importante.

Isso envolve a identificação e aquisição dos materiais necessários para a execução do projeto, como concreto, aço, madeira, tubos, fios elétricos, entre outros.

É necessário planejar o suprimento desses materiais de acordo com o cronograma do projeto, evitando atrasos e garantindo que haja estoque suficiente para atender às necessidades.

Além dos recursos físicos, a alocação de recursos também envolve a consideração do orçamento disponível para o projeto.

Isso inclui a estimativa e o controle dos custos relacionados ao pessoal, equipamentos, materiais e outros gastos associados à execução do projeto.

Um gerente de projeto habilidoso deve realizar uma análise cuidadosa dos custos, buscar eficiências e garantir que os recursos estejam sendo utilizados de forma efetiva.

Uma vez que os recursos sejam identificados, é necessário desenvolver um plano de alocação que estabeleça como eles serão alocados ao longo do projeto.

Isso pode envolver a elaboração de um cronograma detalhado que especifique quando e como os recursos serão utilizados, levando em consideração as dependências entre as atividades e os prazos estabelecidos.

Além disso, é importante monitorar e controlar a alocação de recursos ao longo do projeto.

Isso inclui o acompanhamento do uso de recursos, o controle de custos, a identificação de desvios e a implementação de ações corretivas, se necessário.

O gerenciamento efetivo dos recursos é essencial para evitar a falta de recursos em momentos críticos do projeto e para otimizar o desempenho geral do empreendimento.

Em resumo, a alocação de recursos é uma parte essencial do gerenciamento de projetos na engenharia civil.

Envolve a identificação e o fornecimento dos recursos necessários, como pessoal, equipamentos, materiais e orçamento, para a execução do projeto.

Uma alocação eficiente de recursos garante que as atividades sejam realizadas de forma adequada, dentro do prazo e do orçamento estabelecidos, contribuindo para o sucesso do projeto como um todo.

Planejamento de Atividades: O planejamento de atividades é uma etapa fundamental no gerenciamento de projetos na engenharia civil.

Ele envolve a elaboração de um cronograma detalhado do projeto, definindo as atividades, seu sequenciamento, duração e dependências.

O objetivo é criar uma visão clara do que precisa ser feito, em que ordem e em quanto tempo, para garantir a execução eficiente e bem-sucedida do projeto.

A primeira etapa no planejamento de atividades é a identificação de todas as atividades necessárias para completar o projeto.

Isso requer uma análise minuciosa do escopo do projeto, do objetivo final e das entregas esperadas. As atividades devem ser identificadas em um nível detalhado, levando em consideração todas as tarefas e subatividades envolvidas.

Uma vez que as atividades tenham sido identificadas, é necessário estabelecer a sequência correta em que elas devem ser executadas.

Isso significa determinar as dependências entre as atividades, ou seja, identificar quais atividades precisam ser concluídas antes que outras possam ser iniciadas.

Essas dependências podem ser de natureza física, lógica ou temporal e devem ser levadas em consideração ao definir a ordem das atividades no cronograma.

Em seguida, é importante estimar a duração de cada atividade. Isso envolve determinar quanto tempo será necessário para concluir cada atividade, levando em consideração fatores como a complexidade da tarefa, a disponibilidade de recursos e a experiência da equipe.

É importante ser realista ao estimar a duração, levando em consideração possíveis imprevistos e atrasos potenciais.

Com as atividades sequenciadas e suas durações estimadas, é possível construir o cronograma do projeto. Isso envolve a criação de uma representação gráfica das atividades ao longo do tempo, geralmente usando um diagrama de Gantt.

O cronograma mostrará as datas de início e término de cada atividade, permitindo uma visão clara do fluxo de trabalho e dos marcos importantes do projeto.

Ao elaborar o cronograma, é importante levar em consideração as restrições e os prazos do projeto.

Isso pode incluir datas de entrega específicas, restrições de recursos ou outros requisitos que devem ser atendidos.

O cronograma deve ser realista e factível, levando em consideração todas as restrições e requisitos do projeto.

Uma vez que o cronograma esteja estabelecido, é necessário monitorar e controlar o progresso das atividades ao longo do projeto.

Isso envolve o acompanhamento do cumprimento das datas planejadas, a identificação de desvios e a implementação de ações corretivas, se necessário.

O monitoramento contínuo do cronograma permite que a equipe do projeto esteja ciente de possíveis atrasos ou problemas e tome medidas para mitigá-los ou ajustar o plano, conforme necessário.

O planejamento de atividades é essencial para garantir que o projeto seja executado de forma eficiente e dentro do prazo.

Ele fornece uma estrutura clara para a equipe do projeto, permitindo que eles entendam suas responsabilidades e saibam o que deve ser feito em cada fase do projeto.

Além disso, um cronograma bem elaborado e realista ajuda a comunicar o plano do projeto aos interessados e a gerenciar as expectativas em relação ao tempo de entrega.

Em resumo, o planejamento de atividades é uma etapa crucial no gerenciamento de projetos na engenharia civil.

Ele envolve a identificação, sequenciamento, estimativa de duração e criação de um cronograma detalhado das atividades do projeto.

Um planejamento cuidadoso e realista contribui para a execução bem-sucedida do projeto, garantindo que as atividades sejam concluídas no prazo e de acordo com as expectativas estabelecidas.

Comunicação e Gerenciamento de Stakeholders: No gerenciamento de projetos na engenharia civil, a comunicação eficaz e o gerenciamento de stakeholders desempenham um papel fundamental no sucesso do projeto.

Estabelecer canais eficazes de comunicação com as partes interessadas e mantê-las informadas sobre o progresso do projeto é essencial para garantir o alinhamento, o engajamento e o apoio contínuo de todos os envolvidos.

Os stakeholders de um projeto podem incluir clientes, investidores, patrocinadores, membros da equipe, fornecedores, comunidades locais, órgãos reguladores e outras partes interessadas afetadas pelo projeto.

Cada grupo de stakeholders pode ter diferentes interesses, expectativas e níveis de envolvimento no projeto.

Portanto, é crucial adotar uma abordagem proativa para a comunicação e o gerenciamento desses stakeholders.

Uma das primeiras etapas é identificar todos os stakeholders relevantes para o projeto. Isso pode ser feito por meio de uma análise cuidadosa das partes interessadas e suas influências e interesses no projeto.

Uma vez identificados, é importante entender suas necessidades, expectativas e preferências de comunicação.

Alguns stakeholders podem preferir relatórios formais e atualizações regulares, enquanto outros podem preferir comunicação mais informal e interativa.

Compreender essas preferências ajudará a adaptar a estratégia de comunicação de acordo.

A escolha dos canais de comunicação adequados também é essencial. Isso pode variar desde reuniões presenciais, e-mails, telefonemas até o uso de ferramentas colaborativas online, como plataformas de gerenciamento de projetos.

É importante selecionar os canais que melhor atendam às necessidades dos stakeholders, levando em consideração a natureza do projeto, a geografia e as preferências individuais.

Além disso, a frequência e o conteúdo das comunicações devem ser cuidadosamente planejados.

Os stakeholders devem ser mantidos informados sobre o progresso do projeto, eventos importantes, decisões-chave, riscos e problemas identificados, bem como quaisquer mudanças relevantes no escopo, cronograma ou orçamento.

A comunicação deve ser transparente, clara e objetiva, evitando o uso de jargões técnicos excessivos, para garantir que todas as partes interessadas entendam o status e o impacto do projeto.

O envolvimento adequado dos stakeholders também é fundamental. Isso significa permitir que eles expressem suas opiniões, ideias e preocupações, e fornecer oportunidades para que sejam ouvidos e envolvidos nas decisões relevantes do projeto.

Isso pode ser feito por meio de reuniões regulares, workshops, grupos de discussão ou outras atividades participativas.

Além disso, o gerenciamento de stakeholders envolve o estabelecimento de relacionamentos sólidos e de confiança com as partes interessadas.

Isso requer uma abordagem de colaboração, respeitando os interesses e necessidades de cada stakeholder e buscando soluções que beneficiem a todos.

O gerente de projeto desempenha um papel importante nesse aspecto, atuando como um facilitador, ouvindo as preocupações das partes interessadas e buscando maneiras de satisfazer suas expectativas dentro das limitações do projeto.

Em resumo, a comunicação eficaz e o gerenciamento de stakeholders são elementos-chave para o sucesso do projeto na engenharia civil.

Ao estabelecer canais eficazes de comunicação, manter as partes interessadas informadas e envolvê-las adequadamente, o projeto tem mais chances de obter o apoio necessário, reduzir riscos, resolver problemas de forma proativa e alcançar os objetivos estabelecidos.

Gestão de Recursos e Prazos

A gestão eficaz de recursos e prazos é essencial para o sucesso dos projetos na engenharia civil.

Nesta seção, serão abordadas estratégias e práticas para gerenciar recursos e prazos de forma eficiente, incluindo:

Planejamento de Recursos: No contexto do gerenciamento de projetos na engenharia civil, o planejamento de recursos desempenha um papel crucial na identificação, aquisição, alocação e utilização eficiente dos recursos necessários para o projeto.

Isso inclui recursos humanos, materiais, equipamentos, tecnologia e outros elementos essenciais para o desenvolvimento e conclusão bem-sucedida do projeto.

A primeira etapa no planejamento de recursos é identificar e listar todos os recursos necessários para a execução do projeto.

Isso envolve uma análise detalhada dos requisitos do projeto em termos de habilidades e competências da equipe, materiais específicos, equipamentos especializados, tecnologia e qualquer outra infraestrutura necessária.

É importante considerar as diferentes fases do projeto e as atividades específicas para determinar com precisão quais recursos serão necessários em cada etapa.

Uma vez identificados os recursos necessários, é necessário elaborar um plano para a aquisição e alocação desses recursos.

Isso pode envolver a realização de cotações e negociações com fornecedores, estabelecendo acordos contratuais, considerando as opções de compra, aluguel ou leasing de equipamentos, e definindo as estratégias para garantir a disponibilidade oportuna dos recursos.

No caso dos recursos humanos, é necessário identificar as habilidades e competências necessárias para o projeto e determinar a quantidade de pessoal necessário em cada fase.

Isso pode envolver a contratação de novos funcionários, a terceirização de determinadas funções ou o redirecionamento de membros da equipe existente.

É importante considerar também a necessidade de treinamento e desenvolvimento da equipe, bem como a comunicação eficaz das responsabilidades e expectativas relacionadas aos recursos humanos.

O planejamento de recursos também deve levar em conta a utilização eficiente desses recursos ao longo do projeto.

Isso envolve a definição de processos e procedimentos para otimizar o uso dos recursos, monitorando sua utilização e realizando ajustes conforme necessário.

É importante considerar fatores como a programação das atividades, o gerenciamento de riscos, a gestão de estoques e a manutenção adequada dos equipamentos para garantir a eficiência e minimizar os desperdícios.

Além disso, o planejamento de recursos deve ser flexível e capaz de lidar com possíveis mudanças ou imprevistos ao longo do projeto.

Isso requer uma abordagem proativa, identificando possíveis obstáculos ou limitações relacionados aos recursos e desenvolvendo estratégias de contingência para mitigar os impactos negativos.

Em resumo, o planejamento de recursos é uma etapa essencial no gerenciamento de projetos na engenharia civil.

Ao identificar, adquirir, alocar e utilizar eficientemente os recursos necessários, o projeto tem mais chances de ser executado de forma eficaz, dentro do prazo e do orçamento estabelecidos, e alcançar os resultados esperados.

Estimativa de Prazos: A estimativa de prazos é uma etapa crítica no planejamento de projetos na engenharia civil.

Ela envolve a análise cuidadosa de todas as atividades envolvidas no projeto e a determinação de um cronograma realista que leve em consideração fatores como complexidade, dependências e recursos disponíveis.

Para realizar uma estimativa precisa dos prazos, é necessário primeiro identificar todas as atividades do projeto.

Isso envolve a decomposição do escopo do projeto em tarefas individuais, que podem ser sequenciadas e estimadas em termos de duração.

A equipe do projeto deve trabalhar em conjunto para identificar todas as atividades necessárias, considerando todos os aspectos relevantes do projeto, como projetos arquitetônicos, engenharia, aprovações regulatórias, obtenção de licenças, aquisição de materiais, construção, testes, comissionamento e entrega final.

Ao estimar os prazos para cada atividade, é importante considerar a complexidade e a natureza específica de cada uma.

Algumas atividades podem exigir mais tempo devido a sua complexidade técnica, exigências regulatórias, envolvimento de múltiplas partes interessadas, entre outros fatores.

Além disso, as dependências entre as atividades também devem ser levadas em conta. Certas atividades podem depender da conclusão de outras atividades anteriores ou podem ser realizadas simultaneamente.

Compreender essas dependências é fundamental para criar um cronograma lógico e realista.

Outro aspecto importante na estimativa de prazos é considerar os recursos disponíveis para o projeto.

Isso inclui a disponibilidade de pessoal qualificado, equipamentos necessários e materiais essenciais.

Se houver limitações ou restrições em relação aos recursos, isso deve ser levado em consideração ao estimar os prazos para as atividades.

É necessário ter uma visão clara dos recursos disponíveis e garantir que eles sejam alocados de forma adequada ao longo do projeto.

Uma abordagem comumente usada para estimar prazos é a técnica de três pontos, que envolve a estimativa otimista, a estimativa pessimista e a estimativa mais provável para cada atividade.

Com base nessas estimativas, é possível calcular uma estimativa de prazo mais realista, usando técnicas de análise de redes, como o método do caminho crítico.

É importante ressaltar que as estimativas de prazos são sujeitas a incertezas e podem precisar ser ajustadas à medida que o projeto progride.

À medida que mais informações são obtidas, é possível refinar e atualizar as estimativas de prazos.

O monitoramento e controle contínuo do progresso do projeto também são essenciais para garantir que o cronograma seja cumprido e para tomar medidas corretivas, caso haja desvios significativos.

Em resumo, a estimativa de prazos é uma atividade-chave no planejamento de projetos na engenharia civil.

Ao considerar a complexidade das atividades, as dependências e os recursos disponíveis, é possível criar um cronograma realista que oriente a execução do projeto de forma eficiente, ajudando a cumprir os prazos estabelecidos e alcançar os objetivos do projeto.

Monitoramento e Controle de Prazos: O monitoramento e controle de prazos são aspectos essenciais do gerenciamento de projetos na engenharia civil.

 Essa atividade envolve o acompanhamento contínuo do progresso do projeto em relação ao cronograma planejado, a identificação de desvios e a adoção de ações corretivas para manter o projeto dentro dos prazos estabelecidos.

Existem várias técnicas e ferramentas que podem ser utilizadas para monitorar e controlar os prazos do projeto.

Uma delas é o uso de um gráfico de Gantt, que é uma representação visual do cronograma do projeto, mostrando as atividades, suas datas de início e término planejadas, bem como o progresso real do projeto.

Esse gráfico permite uma visão clara e concisa do status do projeto e ajuda a identificar possíveis desvios.

Ao monitorar o progresso do projeto, é importante comparar o que foi planejado com o que realmente está sendo executado.

Isso pode ser feito por meio de relatórios de progresso, reuniões de acompanhamento e comunicação regular com a equipe do projeto.

Durante esse processo, é necessário avaliar se as atividades estão sendo concluídas conforme o cronograma e se os marcos importantes estão sendo alcançados dentro dos prazos estabelecidos.

Se forem identificados desvios em relação ao cronograma planejado, é importante agir rapidamente e adotar ações corretivas.

Isso pode envolver a realocação de recursos, o reagendamento de atividades, a negociação de prazos com fornecedores ou a revisão das estimativas de prazo.

É fundamental que a equipe do projeto esteja preparada para lidar com imprevistos e seja capaz de tomar decisões rápidas e eficazes para minimizar os impactos dos desvios no cronograma.

Além disso, o monitoramento e controle de prazos também exigem uma abordagem proativa. Isso inclui antecipar possíveis riscos e problemas que possam afetar os prazos do projeto, bem como estabelecer medidas preventivas para evitá-los ou mitigá-los.

A análise de riscos e a implementação de planos de contingência são partes importantes desse processo, pois ajudam a identificar e lidar com os riscos que podem afetar o cronograma.

É fundamental que a equipe do projeto mantenha uma comunicação clara e eficaz durante todo o processo de monitoramento e controle de prazos.

Isso inclui manter todos os membros da equipe informados sobre o progresso do projeto, compartilhar atualizações do cronograma e garantir que todos estejam cientes das mudanças e ações corretivas necessárias.

A comunicação aberta e transparente facilita a colaboração e permite que a equipe do projeto trabalhe em conjunto para cumprir os prazos estabelecidos.

Otimização de Recursos: A otimização de recursos é um aspecto fundamental do gerenciamento de projetos na engenharia civil.

Ela envolve maximizar a eficiência na utilização dos recursos disponíveis, como mão de obra, equipamentos, materiais e orçamento.

O objetivo é garantir que os recursos sejam alocados da maneira mais eficiente possível, evitando desperdícios e maximizando o valor entregue pelo projeto.

Para otimizar os recursos, é necessário realizar uma análise cuidadosa das necessidades do projeto e dos recursos disponíveis.

Isso inclui identificar os possíveis gargalos, ou seja, os recursos que podem limitar a capacidade de execução do projeto dentro dos prazos e padrões de qualidade estabelecidos.

Pode ser a falta de mão de obra qualificada, a escassez de determinados materiais ou a disponibilidade limitada de equipamentos especializados.

Com base nessa análise, é possível tomar medidas para realocar os recursos de forma mais eficiente.

Isso pode envolver redistribuir a carga de trabalho entre os membros da equipe, buscar alternativas de fornecedores para obter materiais em tempo hábil, alugar ou compartilhar equipamentos com outras empresas do setor, ou até mesmo contratar recursos externos temporários para lidar com picos de demanda.

Além disso, é importante gerenciar os conflitos de recursos que podem surgir durante o projeto.

À medida que diferentes projetos e equipes competem pelos mesmos recursos, pode haver conflitos e disputas sobre a sua alocação.

Nesses casos, é fundamental ter mecanismos de comunicação e tomada de decisão claros para resolver os conflitos de forma justa e equitativa.

A tecnologia também desempenha um papel importante na otimização de recursos. O uso de software de gerenciamento de projetos, por exemplo, pode auxiliar na programação e alocação eficiente de recursos, identificando possíveis sobreposições e conflitos de agenda.

Além disso, a implementação de sistemas de monitoramento em tempo real permite acompanhar o uso dos recursos e tomar decisões proativas para evitar desperdícios ou gargalos.

A otimização de recursos não se limita apenas à fase de planejamento, mas é um processo contínuo ao longo do projeto.

À medida que novos desafios surgem ou os requisitos do projeto são ajustados, é necessário reavaliar e ajustar a alocação de recursos de acordo.

Monitoramento e Controle de Projetos

O monitoramento e controle adequados são fundamentais para garantir que o projeto esteja progredindo conforme o planejado.

Nesta seção, serão abordadas estratégias e práticas para monitorar e controlar projetos, incluindo:

Indicadores de Desempenho:

Os indicadores de desempenho desempenham um papel fundamental no gerenciamento de projetos na engenharia civil.

Eles são métricas objetivas que ajudam a avaliar o progresso, a eficiência e a qualidade do projeto, permitindo uma tomada de decisão informada e o monitoramento contínuo do seu desempenho.

Ao definir os indicadores de desempenho, é importante considerar os objetivos e as metas específicas do projeto.

Cada projeto pode ter diferentes áreas de foco e prioridades, e os indicadores devem refletir essas necessidades.

Alguns exemplos comuns de indicadores de desempenho em projetos de engenharia civil incluem:

Cumprimento de prazos: Mede a capacidade do projeto de entregar as atividades dentro dos prazos estabelecidos.

Esse indicador é fundamental para avaliar se o projeto está seguindo o cronograma planejado e tomando as medidas necessárias para evitar atrasos.

Cumprimento do orçamento: Avalia a capacidade do projeto de manter-se dentro do orçamento previsto. Esse indicador permite monitorar os custos do projeto e identificar qualquer desvio significativo que possa exigir ações corretivas.

Qualidade do trabalho: Avalia a qualidade das entregas do projeto, garantindo que os padrões de qualidade estabelecidos sejam atendidos. Isso pode ser medido por meio de inspeções, testes e avaliações da conformidade com normas e regulamentos.

Satisfação do cliente: Mede o nível de satisfação do cliente em relação ao projeto. Isso pode ser obtido por meio de pesquisas de satisfação, feedback direto do cliente ou avaliação de reclamações e problemas relacionados ao projeto.

Segurança: Avalia o desempenho do projeto em termos de segurança no local de trabalho. Isso pode ser medido pelo número de acidentes, incidentes ou violações de normas de segurança ocorridos durante o projeto.

Além desses indicadores, outros podem ser definidos de acordo com as necessidades e características específicas do projeto.

É importante que os indicadores sejam mensuráveis, objetivos e relevantes para o sucesso do projeto.

Após a definição dos indicadores de desempenho, é necessário estabelecer um sistema de monitoramento adequado para acompanhar regularmente o progresso do projeto.

Isso envolve coletar dados relevantes, analisar as informações obtidas e comunicar os resultados de forma clara e eficaz para as partes interessadas.

A tecnologia desempenha um papel crucial na coleta e análise de dados para os indicadores de desempenho.

O uso de software de gerenciamento de projetos permite automatizar o processo de coleta de dados, gerar relatórios em tempo real e visualizar visualmente o desempenho do projeto por meio de gráficos e painéis de controle.

Ao monitorar regularmente os indicadores de desempenho, a equipe do projeto pode identificar tendências, desvios e problemas potenciais, possibilitando a tomada de ações corretivas oportunas.

Isso ajuda a manter o projeto no caminho certo, aprimorar a eficiência, minimizar riscos e maximizar a probabilidade de sucesso.

Reuniões de Acompanhamento:

As reuniões de acompanhamento são uma prática fundamental no gerenciamento de projetos na engenharia civil.

Elas fornecem um fórum estruturado para que a equipe do projeto discuta o status atual, compartilhe informações relevantes, identifique problemas, tome decisões e acompanhe o progresso geral do projeto.

Existem diferentes tipos de reuniões de acompanhamento que podem ocorrer ao longo do ciclo de vida do projeto. Algumas das principais são:

Reuniões de planejamento: Realizadas no início do projeto para estabelecer metas, definir o escopo, discutir estratégias e criar um plano de ação. Essas reuniões ajudam a alinhar as expectativas, garantir a compreensão comum dos objetivos do projeto e definir os próximos passos.

Reuniões de acompanhamento regular: São reuniões periódicas realizadas de acordo com um cronograma pré-determinado.

Geralmente, ocorrem semanalmente ou mensalmente e têm o objetivo de revisar o status do projeto, discutir o progresso alcançado, compartilhar atualizações e identificar problemas ou obstáculos que possam surgir.

Essas reuniões permitem que a equipe do projeto se mantenha informada sobre as atividades em andamento e tomem ações corretivas ou ajustes conforme necessário.

Reuniões de revisão de marcos: São realizadas quando o projeto atinge marcos importantes ou etapas significativas.

Nessas reuniões, a equipe do projeto revisa o trabalho concluído, avalia os resultados alcançados, identifica lições aprendidas e faz ajustes para a próxima fase do projeto.

Essas reuniões são oportunidades cruciais para avaliar o progresso e a eficácia do projeto, além de celebrar os marcos alcançados.

Reuniões de resolução de problemas: São realizadas quando surgem problemas ou obstáculos significativos que afetam o progresso do projeto.

Essas reuniões são dedicadas à análise do problema, identificação de soluções alternativas e tomada de decisões para superar as dificuldades.

É importante que essas reuniões sejam conduzidas de forma colaborativa, incentivando a participação de toda a equipe e aproveitando a experiência e os conhecimentos de cada membro.

Durante as reuniões de acompanhamento, é importante seguir uma estrutura bem definida.

Isso inclui a definição de uma agenda clara, estabelecendo os tópicos a serem discutidos, permitindo a participação de todos os membros relevantes da equipe, atribuindo tarefas e responsabilidades claras e registrando as decisões e ações tomadas.

Além disso, é essencial que as reuniões sejam eficientes e produtivas.

Isso pode ser alcançado por meio de uma preparação adequada, fornecendo informações atualizadas com antecedência, evitando desvios de assunto, mantendo o foco nas questões relevantes, incentivando a participação ativa de todos os membros e definindo prazos para a conclusão das ações acordadas.

As reuniões de acompanhamento desempenham um papel crucial no sucesso do projeto, pois permitem a comunicação efetiva, a resolução rápida de problemas, a tomada de decisões informadas e o monitoramento contínuo do progresso do projeto.

Ao conduzir reuniões de acompanhamento de forma eficiente, a equipe do projeto pode manter o projeto no caminho certo e garantir que as metas e os prazos sejam cumpridos de forma satisfatória.

Controle de Qualidade:

O controle de qualidade é uma atividade essencial no gerenciamento de projetos na engenharia civil.

Ele envolve a implementação de processos e procedimentos para garantir que as entregas do projeto atendam aos requisitos e padrões de qualidade estabelecidos.

O objetivo é alcançar a excelência na execução do projeto, minimizando erros, reduzindo retrabalhos e garantindo a satisfação do cliente.

Para implementar o controle de qualidade de forma eficaz, é necessário seguir algumas etapas importantes:

Definição de critérios de qualidade: É fundamental estabelecer critérios claros de qualidade para cada entrega do projeto.

Isso pode incluir especificações técnicas, requisitos regulatórios, normas da indústria e expectativas do cliente.

Esses critérios servirão como base para avaliar a conformidade das entregas.

Planejamento de atividades de controle de qualidade: O próximo passo é planejar as atividades de controle de qualidade que serão realizadas ao longo do projeto.

Isso envolve a definição de inspeções, testes, revisões de documentação, verificações de conformidade, entre outros.

Cada atividade deve ser atribuída a uma pessoa responsável e ter um cronograma definido.

Execução das atividades de controle de qualidade: Uma vez planejadas, as atividades de controle de qualidade devem ser executadas de acordo com o cronograma estabelecido.

Isso pode incluir a realização de inspeções no local de trabalho, testes de materiais, revisões de desenhos, análise de documentos, entre outros.

Durante essa fase, é importante seguir os procedimentos definidos e documentar os resultados obtidos.

Avaliação e análise dos resultados: Os resultados das atividades de controle de qualidade devem ser avaliados e analisados para determinar se as entregas do projeto atendem aos critérios estabelecidos.

Isso pode envolver a comparação dos resultados com os padrões de qualidade, a identificação de não conformidades e a realização de análises estatísticas, quando aplicável.

Caso sejam identificados problemas, devem ser tomadas ações corretivas para corrigir as falhas e evitar sua repetição.

Melhoria contínua: O controle de qualidade não se limita apenas à detecção de problemas, mas também visa promover a melhoria contínua do processo.

É importante que a equipe do projeto esteja aberta a identificar áreas de oportunidade, implementar ações preventivas e buscar constantemente formas de aprimorar a qualidade das entregas.

Isso pode envolver o desenvolvimento de melhores práticas, a capacitação da equipe, o uso de tecnologias avançadas, entre outros.

O controle de qualidade é um processo contínuo e deve ser realizado ao longo de todo o projeto.

É uma responsabilidade compartilhada por toda a equipe, desde os gestores até os membros da equipe técnica.

Ao implementar um sistema eficaz de controle de qualidade, é possível garantir que as entregas do projeto atendam às expectativas do cliente, cumpram os requisitos estabelecidos e mantenham um alto padrão de excelência.

Gestão de Mudanças:

A gestão de mudanças é uma parte essencial do gerenciamento de projetos na engenharia civil.

Ela se refere à habilidade de lidar adequadamente com alterações no escopo, prazos ou recursos durante a execução do projeto.

É comum que ocorram mudanças ao longo do ciclo de vida de um projeto, seja devido a novas informações, requisitos do cliente, restrições financeiras ou outros fatores externos.

Para lidar efetivamente com as mudanças, é importante seguir alguns passos:

Avaliação de impacto: Quando uma mudança é proposta, a primeira etapa é avaliar o seu impacto no projeto.

Isso envolve analisar as implicações em termos de tempo, custo, qualidade e recursos.

É fundamental compreender o alcance e as consequências da mudança para tomar decisões informadas.

Análise de viabilidade: Uma vez que o impacto da mudança tenha sido avaliado, é necessário analisar a viabilidade da sua implementação.

Isso envolve considerar fatores como disponibilidade de recursos, prazos, impacto nas atividades já planejadas, restrições contratuais, entre outros.

A análise de viabilidade ajudará a determinar se a mudança é realista e benéfica para o projeto.

Negociação e aprovação: Após a análise de viabilidade, é necessário negociar a mudança com as partes interessadas relevantes, como clientes, equipe do projeto, fornecedores e demais stakeholders.

A negociação visa chegar a um acordo sobre os termos da mudança, incluindo o impacto nas metas do projeto, possíveis ajustes no escopo, cronograma e orçamento, e quaisquer outras modificações necessárias.

É importante obter a aprovação formal das partes envolvidas antes de implementar a mudança.

Atualização do plano do projeto: Uma vez que a mudança tenha sido aprovada, é necessário atualizar o plano do projeto para refletir as alterações acordadas.

Isso pode envolver ajustar o escopo, redesenhar o cronograma, realocar recursos, reavaliar os riscos e atualizar as metas e indicadores de desempenho.

O plano revisado servirá como referência para a execução do restante do projeto.

Comunicação efetiva: Durante todo o processo de gestão de mudanças, é crucial manter uma comunicação clara e efetiva com todas as partes envolvidas.

Isso inclui informar sobre a mudança proposta, seus motivos, o impacto avaliado e as ações tomadas para sua implementação.

A comunicação aberta e transparente ajuda a manter a confiança e o engajamento das partes interessadas, facilitando a aceitação e a implementação da mudança.

A gestão de mudanças bem-sucedida requer flexibilidade, adaptabilidade e uma abordagem colaborativa.

É importante estar preparado para lidar com mudanças ao longo do projeto e ter um processo estruturado para avaliar, negociar e implementar as alterações de forma controlada.

Ao gerenciar adequadamente as mudanças, é possível minimizar os impactos negativos, aproveitar oportunidades e manter o projeto alinhado com os objetivos e expectativas definidos.

Lidando com Desafios e Riscos

Os projetos na engenharia civil estão sujeitos a diversos desafios e riscos.

Nesta seção, serão abordadas estratégias para lidar com esses desafios e mitigar riscos, incluindo:

Identificação e Avaliação de Riscos:

A identificação e avaliação de riscos é uma etapa crítica no gerenciamento de projetos na engenharia civil.

Ela envolve a identificação de potenciais eventos ou situações que podem afetar negativamente o projeto, avaliação da probabilidade de ocorrência e impacto desses riscos e o desenvolvimento de planos de mitigação para lidar com eles de forma proativa.

A seguir estão os passos envolvidos na identificação e avaliação de riscos:

Identificação de riscos: O primeiro passo é identificar todos os riscos potenciais que podem surgir ao longo do projeto.

Isso pode ser feito por meio de técnicas como brainstorming, revisão de projetos semelhantes, consulta a especialistas e análise documental.

Os riscos podem incluir questões como atrasos na entrega de materiais, mudanças regulatórias, condições climáticas adversas, problemas de qualidade, entre outros.

Avaliação de riscos: Uma vez que os riscos tenham sido identificados, é necessário avaliar sua probabilidade de ocorrência e impacto caso ocorram.

A probabilidade é uma estimativa de quão provável é que o risco ocorra, enquanto o impacto refere-se à magnitude das consequências caso o risco se materialize.

Isso pode ser feito usando escalas ou matrizes de risco que classificam os riscos em termos de probabilidade e impacto.

Priorização de riscos: Com base na avaliação de riscos, é possível priorizá-los de acordo com sua importância.

Riscos de alta probabilidade e alto impacto devem receber atenção especial, enquanto riscos de baixa probabilidade e baixo impacto podem ser considerados menos críticos.

A priorização ajuda a direcionar os esforços de mitigação para os riscos mais relevantes e significativos.

Desenvolvimento de planos de mitigação: Uma vez que os riscos tenham sido identificados e priorizados, é necessário desenvolver planos de mitigação para lidar com eles.

Os planos de mitigação são estratégias e ações para reduzir a probabilidade de ocorrência dos riscos ou minimizar seu impacto caso ocorram.

Isso pode envolver a implementação de controles de qualidade, a alocação de recursos adicionais, a criação de planos de contingência ou a revisão do cronograma do projeto.

Cada risco deve ter um plano de mitigação específico, detalhando as ações a serem tomadas, os responsáveis pela implementação e os prazos.

Monitoramento e revisão contínua: A identificação e avaliação de riscos não é um processo único.

É necessário monitorar continuamente os riscos ao longo do projeto, revisar sua probabilidade e impacto à medida que as circunstâncias mudam e ajustar os planos de mitigação conforme necessário.

Isso garante que o gerenciamento de riscos seja adaptativo e responsivo às mudanças nas condições do projeto.

Ao realizar uma identificação e avaliação abrangente de riscos, as equipes de projeto podem antecipar problemas potenciais, tomar medidas proativas e minimizar os impactos negativos.

Isso contribui para a execução bem-sucedida do projeto, ajudando a garantir que os objetivos sejam alcançados dentro dos prazos, orçamentos e padrões de qualidade estabelecidos.

Gerenciamento de Mudanças:

O gerenciamento de mudanças é uma parte essencial do gerenciamento de projetos na engenharia civil.

Durante a execução de um projeto, é comum que ocorram mudanças no escopo, prazos, recursos ou requisitos.

O objetivo do gerenciamento de mudanças é garantir que essas mudanças sejam devidamente avaliadas, controladas e implementadas de maneira eficiente, minimizando impactos negativos e mantendo o projeto no caminho certo.

A seguir, estão os principais aspectos do gerenciamento de mudanças:

Identificação de mudanças: O primeiro passo é identificar e documentar as mudanças que surgem ao longo do projeto.

Isso pode incluir novas solicitações de recursos, alterações no escopo, mudanças de prazo ou qualquer outra modificação relevante para o projeto.

É importante ter um sistema de registro de mudanças para acompanhar e documentar essas solicitações.

Avaliação de impacto: Após a identificação das mudanças, é necessário avaliar seu impacto no projeto.

Isso envolve analisar como as mudanças afetarão o escopo, prazo, custo, recursos e qualidade do projeto.

É importante considerar os efeitos diretos e indiretos das mudanças e avaliar se elas são viáveis e benéficas para o projeto como um todo.

Análise de viabilidade: Com base na avaliação de impacto, é necessário analisar a viabilidade das mudanças propostas.

Isso envolve verificar se as mudanças podem ser implementadas dentro dos recursos disponíveis, se estão alinhadas aos objetivos do projeto e se não comprometem a qualidade ou a entrega do projeto.

A análise de viabilidade ajuda a tomar decisões informadas sobre a aprovação ou rejeição das mudanças.

Aprovação e ajuste do plano: Após a análise de viabilidade, as mudanças aprovadas devem ser formalmente aprovadas pelos responsáveis pelo projeto.

Isso pode envolver a obtenção de aprovações internas ou externas, dependendo da natureza e do impacto das mudanças.

Uma vez aprovadas, as mudanças devem ser incorporadas ao plano do projeto, incluindo atualizações nos documentos de escopo, cronograma, orçamento e demais planos relevantes.

Comunicação e envolvimento das partes interessadas: Durante todo o processo de gerenciamento de mudanças, é crucial manter uma comunicação clara e eficaz com as partes interessadas relevantes.

Isso inclui informar as partes interessadas sobre as mudanças propostas, seus impactos e as decisões tomadas.

Também é importante envolver as partes interessadas no processo de tomada de decisão, buscando seu feedback e garantindo que suas necessidades sejam consideradas.

Monitoramento e controle contínuos: Após a implementação das mudanças, é fundamental monitorar e controlar seu impacto ao longo do projeto.

Isso envolve acompanhar o desempenho, revisar regularmente o plano do projeto, fazer ajustes conforme necessário e avaliar se as mudanças tiveram os efeitos desejados.

O monitoramento contínuo ajuda a garantir que as mudanças sejam efetivas e que o projeto continue alinhado aos seus objetivos.

Em resumo, o gerenciamento de mudanças é um processo contínuo que visa lidar adequadamente com as mudanças e solicitações que surgem durante a execução de um projeto.

Ao seguir uma abordagem sistemática e envolver as partes interessadas relevantes, é possível minimizar riscos, manter a qualidade e o controle sobre o projeto, garantindo que as mudanças sejam gerenciadas de forma eficiente e bem-sucedida.

Gestão de Conflitos:

A gestão de conflitos é uma habilidade essencial para o sucesso de qualquer projeto na engenharia civil.

Durante a execução do projeto, é comum que surjam divergências de opiniões, interesses conflitantes ou disputas entre membros da equipe, partes interessadas ou fornecedores.

O papel do gerente de projetos é lidar com esses conflitos de forma eficaz, buscando soluções colaborativas que promovam a cooperação e o trabalho em equipe, e mantendo o foco no objetivo final do projeto.

Aqui estão algumas estratégias e abordagens para a gestão de conflitos:

Identificação precoce: É importante identificar os conflitos o mais cedo possível, antes que eles se agravem e afetem negativamente o projeto.

Isso pode ser feito por meio da observação atenta da dinâmica da equipe, da análise de relatórios de progresso e da promoção de um ambiente aberto e transparente onde as preocupações possam ser expressas livremente.

Comunicação efetiva: A comunicação clara e aberta desempenha um papel crucial na gestão de conflitos.

O gerente de projetos deve estabelecer canais de comunicação efetivos, garantindo que todas as partes envolvidas possam expressar suas preocupações e pontos de vista.

Isso inclui ouvir ativamente, mostrar empatia, esclarecer mal-entendidos e buscar uma compreensão mútua.

Abordagem colaborativa: Em vez de adotar uma postura confrontadora, é recomendável promover uma abordagem colaborativa para resolver os conflitos.

Isso envolve incentivar a participação de todas as partes interessadas na busca de soluções, explorar diferentes perspectivas e trabalhar juntos para alcançar um consenso.

A criação de um ambiente de trabalho colaborativo e de confiança é fundamental para o sucesso dessa abordagem.

Mediação e negociação: Quando os conflitos são mais complexos ou envolvem interesses opostos, pode ser necessário recorrer à mediação ou negociação.

O gerente de projetos pode atuar como mediador imparcial, facilitando a comunicação entre as partes e ajudando-as a encontrar um terreno comum.

A negociação envolve identificar os interesses subjacentes e buscar soluções que atendam aos interesses de ambas as partes, por meio de compromissos e concessões mútuas.

Foco no objetivo do projeto: Durante a resolução de conflitos, é essencial manter o foco no objetivo final do projeto.

Isso significa lembrar a todos os envolvidos que o projeto é a prioridade e que os conflitos devem ser resolvidos de maneira a manter o progresso e alcançar os resultados desejados.

Manter uma visão compartilhada do objetivo do projeto ajuda a minimizar divergências desnecessárias e a concentrar os esforços na conclusão bem-sucedida do projeto.

Aprendizado e melhoria contínua: Os conflitos podem oferecer oportunidades de aprendizado e melhoria contínua.

Após a resolução de um conflito, é importante avaliar o que pode ser aprendido com a situação e implementar medidas para evitar problemas semelhantes no futuro.

Isso pode incluir a revisão dos processos de comunicação, a implementação de medidas preventivas ou o desenvolvimento de habilidades de gestão de conflitos na equipe.

Resolução de Problemas:

A resolução de problemas é uma habilidade fundamental para os gerentes de projetos na engenharia civil.

Durante a execução de um projeto, é comum enfrentar desafios e obstáculos que podem impactar o progresso, a qualidade e o sucesso do projeto como um todo.

Portanto, é essencial desenvolver habilidades sólidas de resolução de problemas para identificar, analisar e superar esses problemas de forma eficaz.

Aqui estão alguns passos importantes para a resolução de problemas em um projeto de engenharia civil:

Identificar e definir o problema: O primeiro passo é identificar claramente o problema ou desafio que está afetando o projeto.

Isso envolve analisar a situação atual, coletar informações relevantes e definir o problema de forma concisa e precisa.

Quanto mais específica for a definição do problema, mais fácil será encontrar soluções adequadas.

Analisar e compreender o problema: Após identificar o problema, é importante realizar uma análise detalhada para entender suas causas raiz, seus impactos e suas interações com outros aspectos do projeto.

Isso pode envolver a coleta de dados, a realização de pesquisas, a consulta de especialistas ou a revisão de documentos relevantes.

Quanto mais profundo for o entendimento do problema, mais efetivas serão as soluções propostas.

Gerar opções de solução: Com base na compreensão do problema, é hora de gerar opções de solução viáveis.

Isso requer criatividade e pensamento crítico para identificar diferentes abordagens e alternativas que possam resolver o problema.

É importante considerar diferentes perspectivas, explorar diferentes cenários e buscar soluções que sejam realistas, alcançáveis e alinhadas aos objetivos do projeto.

Avaliar e selecionar a melhor solução: Depois de gerar várias opções de solução, é necessário avaliá-las com base em critérios pré-definidos, como eficácia, viabilidade, custo, tempo e impacto no projeto.

A solução selecionada deve ser a que melhor se alinha aos objetivos e às restrições do projeto. Às vezes, pode ser necessário realizar uma análise de custo-benefício ou buscar a opinião de stakeholders relevantes antes de tomar uma decisão final.

Implementar a solução escolhida: Uma vez que a melhor solução é selecionada, é hora de implementá-la no projeto.

Isso pode envolver a elaboração de um plano de ação, a alocação de recursos, a definição de responsabilidades e a comunicação clara com a equipe envolvida.

É importante acompanhar de perto a implementação da solução para garantir que ela seja executada conforme planejado e que os resultados esperados sejam alcançados.

Avaliar os resultados e aprender com a experiência: Após a implementação da solução, é essencial avaliar os resultados obtidos e aprender com a experiência.

Isso pode incluir a análise dos impactos alcançados, a comparação com as expectativas iniciais e a identificação de lições aprendidas.

Essa avaliação permite aprimorar as habilidades de resolução de problemas para futuros projetos e promover a melhoria contínua nas práticas de gerenciamento.

A resolução de problemas eficaz requer habilidades analíticas, pensamento criativo, colaboração, tomada de decisões e gestão de riscos.

Ao desenvolver essas habilidades, os gerentes de projetos na engenharia civil estarão melhor preparados para enfrentar os desafios que surgem durante a execução do projeto e garantir o seu sucesso.

Marketing e Estratégias de Crescimento

Desenvolvimento de Marca e Identidade Empresarial

O desenvolvimento de marca e identidade empresarial é fundamental para se destacar no mercado e construir uma reputação sólida.

Nesta seção, serão abordados os seguintes tópicos:

Definição de Proposta de Valor:

A definição de proposta de valor é um elemento crucial para o sucesso de qualquer empresa na engenharia civil.

Ela se refere à forma como a empresa se diferencia das demais, oferecendo valor único e relevante aos clientes.

É por meio da proposta de valor que a empresa comunica o benefício ou a vantagem que seus produtos, serviços ou soluções trazem para os clientes.

Para desenvolver uma proposta de valor eficaz na engenharia civil, é necessário considerar alguns aspectos importantes:

Compreender as necessidades dos clientes: É essencial conhecer profundamente as necessidades, desejos e expectativas dos clientes do setor de engenharia civil.

Isso pode ser feito por meio de pesquisas de mercado, entrevistas, análise de concorrência e interações diretas com os clientes.

Quanto melhor a empresa entender as necessidades dos clientes, mais precisa será a definição da proposta de valor.

Identificar os diferenciais competitivos: A empresa deve identificar os aspectos que a tornam única e superior em relação aos concorrentes.

Isso pode incluir expertise técnica especializada, uso de tecnologias inovadoras, qualidade superior, capacidade de entrega rápida, excelência no atendimento ao cliente, entre outros.

Esses diferenciais competitivos devem ser destacados na proposta de valor para demonstrar o valor adicional que a empresa oferece.

Focar nos benefícios e resultados: A proposta de valor deve enfatizar os benefícios e resultados que os clientes obterão ao escolher a empresa.

Isso envolve comunicar claramente como os produtos ou serviços da empresa atendem às necessidades dos clientes, solucionam problemas específicos e proporcionam valor tangível.

Os benefícios podem ser relacionados à economia de custos, aumento da eficiência, melhoria da qualidade, redução de riscos, impacto positivo na comunidade, entre outros.

Ser claro, convincente e diferenciado: A proposta de valor deve ser comunicada de forma clara, simples e direta.

É importante evitar jargões técnicos ou linguagem complexa que possa dificultar a compreensão pelos clientes.

Além disso, a proposta de valor precisa ser convincente, ou seja, deve ser capaz de gerar confiança e despertar o interesse dos clientes.

Para isso, é fundamental comunicar de forma autêntica e demonstrar evidências concretas do valor que a empresa oferece.

Adaptar-se às necessidades do mercado: As necessidades e demandas do mercado podem mudar ao longo do tempo.

Portanto, a empresa deve estar atenta às mudanças e ser capaz de adaptar sua proposta de valor para atender às novas demandas.

Isso pode envolver a introdução de novos serviços, o desenvolvimento de novas competências ou a incorporação de tecnologias emergentes.

A capacidade de se adaptar e manter uma proposta de valor relevante é fundamental para a sustentabilidade e o crescimento da empresa.

Criação de Marca:

A criação de marca desempenha um papel fundamental no estabelecimento e reconhecimento de uma empresa na indústria da engenharia civil.

Ela envolve o desenvolvimento de uma identidade visual consistente e uma mensagem coerente que represente os valores, a visão e a personalidade da empresa.

Aqui estão alguns aspectos importantes a serem considerados ao criar uma marca na engenharia civil:

Identidade visual: A identidade visual é composta por elementos visuais que representam a empresa, como logotipo, cores, tipografia e imagens.

Esses elementos devem ser projetados de forma coerente, refletindo os valores e a imagem desejada da empresa.

O logotipo deve ser distintivo, memorável e versátil o suficiente para ser utilizado em diferentes materiais de marketing e comunicação.

Cores: A escolha das cores é fundamental na criação da identidade visual da marca.

As cores podem transmitir diferentes emoções e associações, por isso é importante selecionar cores que se alinhem à mensagem e ao posicionamento da empresa.

Por exemplo, tons de azul podem transmitir confiança e profissionalismo, enquanto cores mais vibrantes podem transmitir inovação e criatividade.

É essencial escolher uma paleta de cores que seja atraente e apropriada para o setor da engenharia civil.

Tipografia: A seleção da tipografia também desempenha um papel importante na criação da identidade visual da marca.

A tipografia escolhida deve ser legível e refletir a personalidade da empresa. Além disso, é importante utilizar uma combinação de fontes que se complementem e proporcionem uma aparência consistente em todos os materiais de comunicação.

Mensagem da marca: A marca também inclui a mensagem que a empresa deseja transmitir aos seus clientes e ao mercado.

Essa mensagem deve ser clara, concisa e alinhada com os valores e a proposta de valor da empresa. Ela deve comunicar os benefícios e diferenciais competitivos da empresa, bem como sua visão e missão.

Consistência: Para que a marca seja eficaz, é fundamental manter consistência em todos os pontos de contato com os clientes.

Isso inclui a aparência visual, a mensagem, a voz da marca e a experiência geral do cliente. Ao ser consistente, a empresa cria um reconhecimento e uma conexão mais fortes com seu público-alvo.

Gestão da marca: Uma vez estabelecida, a marca deve ser gerenciada de forma eficaz.

Isso envolve proteger e reforçar a marca por meio de diretrizes de marca, monitoramento de uso adequado dos elementos visuais e controle de qualidade em todos os materiais de comunicação.

A gestão adequada da marca ajuda a garantir sua integridade e a manter uma imagem consistente e positiva.

Ao desenvolver uma marca sólida na engenharia civil, a empresa pode se diferenciar no mercado, construir confiança com os clientes e criar uma identidade única que a distinga dos concorrentes.

A criação da marca não se resume apenas à aparência visual, mas também à mensagem e à experiência transmitida aos clientes.

Uma marca bem definida e bem gerenciada pode contribuir significativamente para o sucesso e o crescimento dos empreendimentos na engenharia civil.

Construção de Reputação:

A construção de reputação é um aspecto crucial para o sucesso de qualquer empresa na indústria da engenharia civil.

Uma boa reputação é construída ao longo do tempo, por meio de um conjunto consistente de ações e comportamentos que demonstram compromisso com a excelência, atendimento ao cliente e cumprimento de prazos.

Aqui estão alguns pontos importantes a serem considerados ao construir uma reputação sólida:

Excelência nos serviços: Oferecer serviços de alta qualidade é fundamental para estabelecer uma boa reputação.

Isso envolve a aplicação de melhores práticas da indústria, o uso de materiais e tecnologias avançadas, e a contratação de profissionais qualificados e experientes.

Ao fornecer serviços de qualidade, a empresa ganha a confiança dos clientes e se destaca no mercado.

Atendimento ao cliente: Um excelente atendimento ao cliente é essencial para construir uma boa reputação.

Isso inclui responder prontamente às perguntas e solicitações dos clientes, fornecer suporte durante todo o processo do projeto e garantir a satisfação do cliente em todas as interações.

Um bom relacionamento com os clientes contribui para a fidelidade, a recomendação da empresa e a construção de uma reputação positiva.

Cumprimento de prazos: Cumprir prazos acordados é fundamental para estabelecer confiança e credibilidade no mercado.

A capacidade de entregar os projetos dentro dos prazos estabelecidos demonstra profissionalismo e comprometimento com a satisfação do cliente.

Para alcançar esse objetivo, é importante ter uma boa gestão de projetos, monitorar de perto o progresso do trabalho e antecipar possíveis obstáculos que possam afetar os prazos.

Transparência e honestidade: Ser transparente e honesto em todas as interações com os clientes e demais partes interessadas é fundamental para construir uma reputação sólida.

Isso significa comunicar de forma clara os desafios e riscos associados ao projeto, fornecer estimativas realistas de prazos e custos, e tratar qualquer problema ou imprevisto de maneira honesta e transparente.

A transparência constrói confiança e credibilidade, elementos essenciais para uma boa reputação.

Gerenciamento de reclamações: É importante lidar de forma adequada com as reclamações dos clientes, caso ocorram.

Responder prontamente às preocupações dos clientes, buscar soluções e resolver os problemas de maneira eficaz contribui para a construção de uma reputação positiva.

Tratar as reclamações como oportunidades de aprendizado e melhoria também demonstra o compromisso da empresa em fornecer um serviço de qualidade.

Monitoramento da reputação: É essencial monitorar constantemente a reputação da empresa no mercado.

Isso pode ser feito por meio de pesquisas de satisfação do cliente, análise de feedbacks, acompanhamento de avaliações online e participação ativa em fóruns e redes sociais relevantes para a indústria da engenharia civil.

O monitoramento da reputação permite identificar áreas de melhoria, responder prontamente a comentários negativos e fortalecer os pontos positivos da empresa.

Ao construir uma reputação sólida na indústria da engenharia civil, a empresa ganha uma vantagem competitiva, atrai novos clientes e cria oportunidades de negócios.

Uma boa reputação não só gera confiança e fidelidade dos clientes existentes, mas também atrai novos clientes por meio de recomendações positivas.

Portanto, investir na construção e manutenção de uma boa reputação é fundamental para o sucesso e o crescimento dos empreendimentos na engenharia civil.

Estratégias de Marketing:

As estratégias de marketing desempenham um papel essencial na promoção de uma marca na indústria da engenharia civil.

Elas ajudam a aumentar a visibilidade da empresa, atrair clientes em potencial e estabelecer conexões significativas com o público-alvo.

Aqui estão algumas estratégias de marketing adequadas para promover a marca de uma empresa de engenharia civil:

Marketing digital: O marketing digital é uma abordagem eficaz para alcançar um público amplo e direcionado.

Isso inclui a criação de um website profissional e otimizado para os mecanismos de busca, a utilização de técnicas de SEO (Search Engine Optimization) para melhorar a visibilidade nos resultados de busca, a produção de conteúdo relevante e de qualidade, como blogs e artigos, e a implementação de estratégias de marketing por e-mail para se comunicar diretamente com os clientes em potencial.

Redes sociais: As redes sociais desempenham um papel significativo na promoção da marca e no engajamento com o público.

É importante identificar as plataformas de redes sociais mais relevantes para o público-alvo da empresa de engenharia civil e criar uma presença ativa nelas.

Isso envolve a publicação de conteúdo relevante e interessante, compartilhamento de projetos concluídos, interação com os seguidores e participação em discussões relevantes para a indústria.

Participação em eventos: Participar de eventos do setor, como feiras, conferências e workshops, é uma ótima maneira de promover a marca, estabelecer contatos com potenciais clientes e parceiros de negócios, e demonstrar expertise no campo da engenharia civil.

A presença em eventos oferece a oportunidade de fazer apresentações, mostrar projetos concluídos e participar de discussões que possam aumentar a visibilidade da empresa.

Parcerias estratégicas: Estabelecer parcerias com outras empresas e organizações relevantes da indústria pode trazer benefícios mútuos.

Isso pode incluir parcerias com construtoras, fornecedores de materiais, instituições de pesquisa, órgãos governamentais e associações profissionais.

As parcerias estratégicas podem oferecer oportunidades de colaboração em projetos, compartilhamento de recursos, ampliação da rede de contatos e acesso a novos clientes.

Marketing de referência: O marketing de referência é uma estratégia poderosa para empresas de engenharia civil.

Isso envolve incentivar os clientes satisfeitos a compartilhar suas experiências positivas e recomendar a empresa a outras pessoas.

Depoimentos, estudos de caso e programas de indicação podem ser implementados para incentivar o boca a boca positivo.

Marketing de conteúdo: A produção de conteúdo relevante e informativo é uma maneira eficaz de estabelecer a empresa como uma autoridade no setor.

Isso pode ser feito por meio da criação de blogs, artigos técnicos, guias, e-books e vídeos educacionais. O objetivo é fornecer informações valiosas aos clientes em potencial, demonstrar expertise e estabelecer confiança.

É importante lembrar que as estratégias de marketing devem ser adaptadas às características específicas da empresa, ao seu público-alvo e aos seus objetivos de negócio.

Além disso, é fundamental acompanhar e analisar os resultados das estratégias de marketing implementadas, ajustando-as conforme necessário para otimizar os esforços e maximizar os resultados.

Estratégias de Marketing para Engenheiros Civis Empreendedores

Os engenheiros civis empreendedores precisam adotar estratégias de marketing eficazes para alcançar seu público-alvo e gerar demanda pelos seus serviços.

Nesta seção, serão abordados os seguintes tópicos:

Segmentação de Mercado:

A segmentação de mercado é uma estratégia importante para empresas de engenharia civil que desejam direcionar seus esforços de marketing de forma mais eficiente.

Consiste em identificar e dividir o mercado-alvo em segmentos distintos com base em características específicas, como demografia, geografia, psicografia e comportamento do consumidor.

Aqui estão algumas dimensões de segmentação de mercado:

Características demográficas: Essa dimensão de segmentação envolve variáveis como idade, gênero, renda, ocupação, nível de educação e estado civil.

Por exemplo, uma empresa de engenharia civil pode segmentar seu mercado-alvo com base nas necessidades e preferências de proprietários de imóveis residenciais, construtoras comerciais ou órgãos governamentais.

Características geográficas: Nessa dimensão, o mercado é segmentado com base em critérios geográficos, como localização, clima, tamanho da cidade ou região.

Isso é relevante para empresas que operam em áreas específicas ou que atendem a demandas e regulamentações específicas de uma determinada região.

Características psicográficas: Essa dimensão se concentra nos aspectos psicológicos, sociais e comportamentais dos consumidores.

Ela envolve fatores como valores, interesses, estilo de vida, personalidade e motivações.

Por exemplo, uma empresa de engenharia civil pode segmentar seu mercado com base em clientes que valorizam a sustentabilidade ambiental ou que buscam projetos inovadores e de alto padrão.

Comportamento do consumidor: Essa dimensão se baseia nos padrões de comportamento de compra dos consumidores, incluindo preferências de produto, frequência de compra, lealdade à marca e prontidão para adotar inovações.

Isso permite que a empresa direcione suas estratégias de marketing para grupos específicos com base em seu comportamento passado ou previsto.

Ao segmentar o mercado, as empresas de engenharia civil podem criar mensagens e ofertas mais direcionadas, personalizar suas estratégias de marketing e ajustar suas abordagens de acordo com as necessidades e preferências de cada segmento.

Isso resulta em uma comunicação mais eficaz e maior probabilidade de conquistar clientes em potencial, além de melhorar a eficiência dos recursos investidos em marketing.

A segmentação de mercado também permite que a empresa identifique nichos de mercado não atendidos ou subatendidos, possibilitando a criação de propostas de valor específicas para atender às necessidades desses segmentos.

Isso pode ajudar a empresa a diferenciar-se da concorrência e obter uma vantagem competitiva no mercado.

No entanto, é importante ressaltar que a segmentação de mercado não é um processo estático.

As características e preferências dos consumidores podem mudar ao longo do tempo, e a empresa deve estar atenta às tendências e atualizar suas estratégias de segmentação de mercado conforme necessário.

O monitoramento contínuo e a análise dos segmentos de mercado também são fundamentais para avaliar a eficácia das estratégias implementadas e identificar novas oportunidades de crescimento.

Posicionamento de Mercado:

O posicionamento de mercado é um processo estratégico que envolve definir como a sua empresa será percebida pelos clientes em relação à concorrência.

É o que torna a sua marca única e distinta, destacando os seus diferenciais e vantagens competitivas.

O objetivo do posicionamento de mercado é criar uma imagem positiva e duradoura na mente dos consumidores, para que eles escolham sua empresa em detrimento dos concorrentes.

Ao definir o posicionamento de mercado da sua empresa de engenharia civil, é importante considerar os seguintes elementos:

Identificação dos diferenciais: Analise as características e atributos exclusivos da sua empresa em comparação com os concorrentes.

Isso pode incluir expertise técnica especializada, tecnologias inovadoras, abordagens de projeto sustentáveis, histórico comprovado de sucesso ou relacionamento próximo com os clientes.

Identificar esses diferenciais ajudará a posicionar sua empresa como única e valiosa no mercado.

Conhecimento do público-alvo: Entenda quem são seus clientes ideais e quais são suas necessidades e desejos.

Isso inclui considerar o setor da engenharia civil em que você atua, como residencial, comercial, infraestrutura, entre outros.

Compreender profundamente o seu público-alvo permitirá que você desenvolva uma proposta de valor que responda às suas demandas e expectativas.

Definição de promessas e benefícios: Identifique as promessas que sua empresa pode fazer aos clientes e os benefícios que ela oferece.

Isso pode ser relacionado à qualidade dos projetos, cumprimento de prazos, atendimento personalizado, economia de custos ou soluções inovadoras.

Comunique claramente essas promessas e benefícios aos seus clientes, para que eles compreendam o valor que sua empresa oferece.

Posicionamento competitivo: Avalie a concorrência e identifique como sua empresa se diferencia e se destaca dos concorrentes diretos.

Isso pode envolver a análise das suas áreas de especialização, preços, reputação, localização geográfica ou abordagem de atendimento ao cliente.

O objetivo é encontrar um espaço único no mercado que seja valorizado pelos clientes e difícil de ser replicado pelos concorrentes.

Comunicação consistente: Após definir o posicionamento de mercado, é essencial comunicá-lo de forma consistente em todos os pontos de contato com os clientes.

Isso inclui o uso de mensagens claras e persuasivas em materiais de marketing, no site da empresa, nas redes sociais e em outras formas de comunicação.

A consistência na comunicação ajudará a reforçar a imagem da sua empresa e a construir uma percepção positiva no mercado.

Lembre-se de que o posicionamento de mercado não é apenas sobre o que você diz ser, mas sim sobre como os clientes percebem a sua empresa.

Portanto, é fundamental acompanhar constantemente a percepção do público-alvo e ajustar o posicionamento, se necessário, para garantir que esteja alinhado com as expectativas dos clientes e em consonância com as mudanças do mercado.

Ao criar um posicionamento de mercado claro e diferenciado, sua empresa de engenharia civil terá uma base sólida para atrair e conquistar clientes, construir uma reputação sólida e enfrentar a concorrência de forma eficaz.

Plano de Marketing:

Um plano de marketing é um documento estratégico que detalha as estratégias, táticas e ações específicas que uma empresa irá implementar para alcançar seus objetivos de marketing.

Ele serve como um guia para direcionar as atividades de marketing e promover o crescimento e sucesso do negócio.

Desenvolver um plano de marketing eficaz é essencial para posicionar sua empresa de engenharia civil no mercado, atrair clientes e aumentar a conscientização sobre seus serviços.

Aqui estão os principais elementos a serem considerados ao criar um plano de marketing:

Análise de mercado: Realize uma análise detalhada do mercado em que sua empresa atua, identificando os segmentos de clientes, concorrentes, tendências e oportunidades.

Compreender o ambiente de mercado ajudará a identificar os pontos fortes, fraquezas, oportunidades e ameaças para sua empresa.

Definição de objetivos: Estabeleça metas de marketing claras e alcançáveis para sua empresa.

Isso pode incluir aumentar a participação de mercado, expandir para novos segmentos de clientes, fortalecer o reconhecimento da marca ou aumentar o número de projetos contratados.

Certifique-se de que seus objetivos sejam mensuráveis e estejam alinhados com os objetivos gerais do negócio.

Estratégias de marketing: Com base na análise de mercado e nos objetivos estabelecidos, defina as estratégias de marketing que serão utilizadas para alcançar esses objetivos.

Isso pode incluir estratégias como segmentação de mercado, diferenciação, posicionamento, marketing de conteúdo, marketing digital, parcerias estratégicas, entre outras.

Escolha as estratégias que sejam mais relevantes para o seu negócio e que ajudem a alcançar seus objetivos de marketing.

Mix de marketing: Desenvolva o mix de marketing, também conhecido como os 4 Ps do marketing: produto, preço, praça e promoção.

Determine quais produtos ou serviços serão oferecidos, defina a estratégia de preços adequada, escolha os canais de distribuição apropriados e planeje as atividades promocionais, como publicidade, relações públicas, marketing digital e eventos.

Cada elemento do mix de marketing deve estar alinhado com as estratégias e objetivos de marketing da empresa.

Plano de ação: Elabore um plano de ação detalhado que descreva as táticas e ações específicas que serão implementadas para executar as estratégias de marketing.

Defina as atividades, os responsáveis, os prazos e o orçamento necessário para cada ação. Isso garantirá que as atividades de marketing sejam executadas de maneira organizada e consistente.

Monitoramento e avaliação: Estabeleça métricas e indicadores-chave de desempenho (KPIs) para monitorar e avaliar a eficácia das ações de marketing.

Acompanhe regularmente os resultados, faça ajustes conforme necessário e aprenda com as experiências para melhorar continuamente o desempenho do marketing.

Orçamento de marketing: Defina um orçamento de marketing realista que alocará recursos adequados para as atividades de marketing planejadas.

Considere os custos de publicidade, marketing digital, eventos, materiais de marketing e outras despesas relacionadas ao marketing.

Garanta que o orçamento esteja alinhado com os objetivos e estratégias de marketing da empresa.

Lembre-se de que um plano de marketing é um documento vivo e flexível, sujeito a ajustes à medida que o ambiente de mercado evolui e novas oportunidades surgem.

É importante revisar regularmente o plano de marketing, monitorar seu progresso e fazer as alterações necessárias para garantir que ele esteja sempre alinhado com os objetivos e necessidades do negócio.

Ao desenvolver um plano de marketing abrangente e bem estruturado, sua empresa de engenharia civil terá uma estratégia clara para alcançar e envolver seu público-alvo, fortalecer sua marca, aumentar sua base de clientes e impulsionar o crescimento do negócio.

Marketing Digital:

O marketing digital é uma estratégia essencial para empresas de engenharia civil, pois permite alcançar um público mais amplo, fortalecer a presença online, aumentar a visibilidade da marca e gerar leads qualificados.

Aqui estão alguns aspectos-chave do marketing digital que podem ser utilizados para impulsionar o sucesso do seu negócio:

Criação de um site otimizado: Um site profissional e otimizado é o ponto central da presença online de uma empresa.

Ele deve ser visualmente atraente, fácil de navegar e conter informações relevantes sobre seus serviços, projetos anteriores, equipe e contato.

Além disso, é importante garantir que o site seja otimizado para os mecanismos de busca (SEO), de modo a melhorar sua visibilidade nos resultados de pesquisa.

Presença nas redes sociais: As redes sociais desempenham um papel crucial no marketing digital, permitindo que as empresas se conectem e se envolvam com seu público-alvo.

Identifique as redes sociais mais relevantes para o seu setor, como Facebook, Instagram, LinkedIn ou Twitter, e crie perfis profissionais para compartilhar atualizações, fotos, vídeos, artigos e outros conteúdos relacionados à engenharia civil.

Interaja com seguidores, responda a perguntas e participe de discussões para construir relacionamentos e aumentar a visibilidade da sua marca.

Produção de conteúdo relevante: O marketing de conteúdo desempenha um papel fundamental no estabelecimento de sua empresa como uma autoridade em engenharia civil.

Crie e compartilhe regularmente conteúdos relevantes, como artigos, guias, estudos de caso e vídeos informativos.

Esses materiais ajudam a educar seu público-alvo, demonstrar seu conhecimento e experiência, e criar confiança em sua marca.

Estratégias de SEO (Search Engine Optimization): O SEO é um conjunto de técnicas que visam melhorar a visibilidade do seu site nos resultados de pesquisa orgânica dos mecanismos de busca, como o Google.

Isso envolve a otimização de palavras-chave relevantes, criação de conteúdo de qualidade, melhoria da estrutura do site, otimização de velocidade de carregamento, obtenção de links externos relevantes e muito mais.

Ao implementar estratégias eficazes de SEO, você pode aumentar a visibilidade do seu site, atrair mais tráfego qualificado e gerar leads para o seu negócio.

Anúncios online: Além das estratégias orgânicas, os anúncios online também desempenham um papel importante no marketing digital.

O uso de plataformas de publicidade online, como o Google Ads ou as redes sociais, permite segmentar seu público-alvo com base em critérios demográficos, geográficos e de interesse.

Isso pode ser especialmente eficaz para promover serviços específicos, destacar projetos de destaque ou direcionar campanhas promocionais.

Análise e monitoramento: Uma das grandes vantagens do marketing digital é a capacidade de monitorar e analisar o desempenho das suas campanhas.

Utilize ferramentas de análise, como o Google Analytics, para acompanhar métricas-chave, como tráfego do site, taxas de conversão, engajamento nas redes sociais e desempenho de anúncios.

Com base nessas informações, você pode tomar decisões informadas, ajustar sua estratégia e otimizar seus esforços de marketing.

Ao incorporar estratégias de marketing digital em suas atividades de marketing, sua empresa de engenharia civil pode alcançar um público mais amplo, gerar leads qualificados, fortalecer sua marca e estabelecer uma presença online sólida.

No entanto, é importante adaptar suas estratégias de acordo com o seu público-alvo e os objetivos específicos do seu negócio.

Expansão de Negócios e Busca de Novas Oportunidades

A expansão de negócios é um objetivo comum para empreendedores na engenharia civil. Nesta seção, serão abordados os seguintes tópicos:

Diversificação de Serviços:

A diversificação de serviços é uma estratégia importante para empresas de engenharia civil que desejam expandir suas oportunidades de negócios e se adaptar às demandas do mercado.

Ao identificar áreas complementares à engenharia civil, a empresa pode ampliar seu escopo de atuação e aproveitar novas oportunidades de crescimento.

Aqui estão algumas considerações e benefícios relacionados à diversificação de serviços:

Análise do mercado e das tendências: Antes de diversificar os serviços, é essencial realizar uma análise detalhada do mercado e identificar as tendências emergentes.

Isso envolve compreender as necessidades e demandas do mercado, examinar as atividades dos concorrentes e explorar as oportunidades futuras.

A análise do mercado permite identificar áreas complementares à engenharia civil que estejam alinhadas aos conhecimentos e recursos da empresa.

Avaliação das competências e recursos internos: Ao diversificar os serviços, é importante avaliar as competências, habilidades e recursos internos da empresa.

É essencial identificar quais serviços complementares podem ser oferecidos com base nas competências existentes e determinar se serão necessários investimentos adicionais em termos de treinamento, contratação de especialistas ou aquisição de recursos para apoiar a nova linha de serviços.

Identificação de sinergias: Ao buscar áreas complementares à engenharia civil, é importante identificar sinergias entre os serviços existentes e os novos serviços.

Por exemplo, se a empresa já possui experiência em projetos de infraestrutura, pode considerar a diversificação para serviços relacionados, como gestão de projetos de construção, consultoria em sustentabilidade ou serviços de planejamento urbano.

Essas áreas complementares podem permitir o aproveitamento de conhecimentos, recursos e relacionamentos já estabelecidos.

Ampliação da base de clientes: A diversificação de serviços oferece a oportunidade de alcançar uma base de clientes mais ampla.

Ao expandir a gama de serviços, a empresa pode atender às necessidades de diferentes setores e públicos-alvo.

Isso não apenas aumenta as oportunidades de negócios, mas também reduz a dependência de um único setor ou cliente.

Aumento da receita e rentabilidade: A diversificação de serviços pode resultar em um aumento da receita e da rentabilidade.

Ao oferecer uma variedade de serviços, a empresa tem a oportunidade de aumentar seu volume de negócios, explorar novas fontes de receita e diversificar as fontes de lucro.

Além disso, a diversificação pode ajudar a empresa a lidar com flutuações econômicas e ciclos de negócios específicos da indústria de engenharia civil.

Vantagem competitiva: A diversificação de serviços pode proporcionar uma vantagem competitiva significativa.

Ao oferecer uma ampla gama de serviços, a empresa pode se destacar da concorrência e ser vista como um provedor abrangente de soluções.

Isso pode atrair clientes que buscam uma empresa que possa fornecer uma ampla gama de serviços, simplificando assim a gestão de projetos e reduzindo a necessidade de coordenar várias empresas especializadas.

No entanto, é importante que a diversificação de serviços seja realizada de forma estratégica e cuidadosa.

É essencial realizar pesquisas de mercado, avaliar os riscos associados à diversificação, garantir a capacidade de entregar serviços de alta qualidade e garantir que a empresa tenha recursos adequados para suportar a expansão dos serviços.

Parcerias e Alianças Estratégicas:

A busca por parcerias e alianças estratégicas é uma estratégia importante para empresas de engenharia civil que desejam expandir suas capacidades, acessar novos mercados e aproveitar oportunidades de negócios promissoras.

Estabelecer parcerias com outras empresas do setor pode trazer uma série de benefícios e sinergias.

A seguir, vamos explorar alguns pontos relevantes sobre parcerias e alianças estratégicas:

Complementaridade de recursos e competências: Ao estabelecer parcerias estratégicas, as empresas de engenharia civil podem aproveitar a complementaridade de recursos e competências.

Cada empresa traz suas habilidades, conhecimentos técnicos e experiência, criando uma sinergia que resulta em uma oferta mais completa e competitiva.

Por exemplo, uma empresa pode ter especialização em projetos estruturais, enquanto outra possui expertise em projetos de infraestrutura.

Juntas, elas podem oferecer serviços integrados que atendam às necessidades complexas dos clientes.

Acesso a novos mercados e oportunidades de negócios: Através de parcerias estratégicas, as empresas podem expandir seu alcance e acesso a novos mercados.

Ao colaborar com parceiros estabelecidos em diferentes regiões ou setores, é possível explorar oportunidades de negócios que talvez não seriam possíveis individualmente.

Essas parcerias podem abrir portas para projetos de grande escala, contratos governamentais ou contratos com clientes importantes.

Distribuição de riscos e custos: Parcerias estratégicas também podem ajudar a distribuir riscos e custos entre as empresas envolvidas.

Ao compartilhar a carga financeira e operacional de um projeto, as empresas podem reduzir seu próprio risco e custo de entrada.

Isso é especialmente benéfico em projetos de grande porte, onde os recursos necessários podem ser significativos.

Além disso, as empresas podem se apoiar mutuamente em termos de expertise técnica e conhecimento do mercado, mitigando riscos associados à falta de habilidades ou conhecimentos específicos.

Aprendizado e inovação conjunta: As parcerias também oferecem a oportunidade de aprendizado e inovação conjunta.

Ao trabalhar lado a lado com parceiros experientes, as empresas podem compartilhar conhecimentos, trocar melhores práticas e adotar abordagens inovadoras.

Essa colaboração promove a evolução e o crescimento contínuos, permitindo que as empresas se adaptem às mudanças do mercado e às novas demandas dos clientes.

Aumento da competitividade: As parcerias estratégicas podem proporcionar uma vantagem competitiva significativa.

Ao unir forças com empresas bem estabelecidas e reconhecidas, uma empresa de engenharia civil pode fortalecer sua posição no mercado e competir em projetos de maior escala.

A reputação e a credibilidade dos parceiros podem aumentar a confiança dos clientes e melhorar as chances de sucesso em licitações e concorrências.

Ampliação da rede de contatos: Por fim, as parcerias estratégicas também ampliam a rede de contatos e relacionamentos das empresas.

Ao colaborar com outras empresas do setor, há a oportunidade de estabelecer conexões valiosas com clientes, fornecedores, instituições de pesquisa e outros stakeholders relevantes.

Esses relacionamentos podem abrir portas para futuras colaborações e oportunidades de negócios.

É importante ressaltar que o estabelecimento de parcerias e alianças estratégicas requer uma análise cuidadosa e um processo de seleção criterioso.

É fundamental encontrar parceiros que compartilhem valores semelhantes, tenham uma visão alinhada e demonstrem comprometimento com a parceria.

Além disso, é necessário estabelecer acordos claros e bem definidos, que abordem aspectos como a divisão de responsabilidades, propriedade intelectual, compartilhamento de lucros e resolução de conflitos.

Pesquisa de Mercado:

A pesquisa de mercado desempenha um papel crucial no desenvolvimento de estratégias eficazes de negócios para empresas de engenharia civil.

Ao realizar pesquisas de mercado, é possível obter informações valiosas sobre as necessidades dos clientes, as tendências do setor, a concorrência e as oportunidades emergentes.

A seguir, vamos explorar alguns pontos relevantes sobre a pesquisa de mercado na engenharia civil:

Identificação de tendências e demandas emergentes: A pesquisa de mercado permite que as empresas identifiquem tendências e demandas emergentes no setor da engenharia civil.

Isso inclui novas tecnologias, métodos de construção sustentável, regulamentações governamentais, mudanças nas preferências dos clientes, entre outros fatores.

Ao estar ciente dessas tendências, as empresas podem se adaptar rapidamente e aproveitar as oportunidades que surgem.

Avaliação da concorrência: A pesquisa de mercado também ajuda a avaliar a concorrência existente. É importante entender quem são os concorrentes diretos e indiretos, quais são seus pontos fortes e fracos, e como eles se posicionam no mercado.

Essas informações são essenciais para desenvolver estratégias de diferenciação e encontrar oportunidades onde a concorrência pode estar falhando.

Identificação de necessidades não atendidas: A pesquisa de mercado permite identificar necessidades dos clientes que ainda não estão sendo atendidas ou que podem ser atendidas de maneira mais eficiente.

Ao compreender as dores e desafios dos clientes, as empresas podem desenvolver soluções inovadoras e adaptadas às suas necessidades específicas.

Isso pode resultar em uma vantagem competitiva significativa e na conquista de novos clientes.

Segmentação de mercado: A pesquisa de mercado também ajuda na segmentação do mercado.

Ao coletar informações demográficas, geográficas, psicográficas e comportamentais dos clientes, as empresas podem identificar grupos específicos com características e necessidades semelhantes.

Isso permite direcionar as estratégias de marketing e comunicação de forma mais eficaz, personalizando as mensagens e os serviços para atender às necessidades de cada segmento.

Desenvolvimento de estratégias de marketing: A pesquisa de mercado fornece insights valiosos para o desenvolvimento de estratégias de marketing eficazes.

Com base nas informações coletadas, as empresas podem identificar os canais de comunicação mais adequados, definir as mensagens-chave, determinar preços competitivos e adaptar seus produtos ou serviços para atender às expectativas dos clientes.

Tomada de decisões embasadas em dados: A pesquisa de mercado ajuda a embasar as decisões de negócios em dados e informações concretas.

Isso reduz o risco de tomar decisões baseadas em suposições ou intuições, permitindo uma abordagem mais fundamentada e estratégica.

É importante ressaltar que a pesquisa de mercado deve ser conduzida de forma sistemática e objetiva.

Existem diversas metodologias e técnicas disponíveis, como pesquisas quantitativas e qualitativas, análise de dados secundários, entrevistas com especialistas e observação de mercado.

O uso adequado dessas técnicas permite coletar informações precisas e confiáveis para embasar as decisões estratégicas da empresa.

Expansão Geográfica:

A expansão geográfica é uma estratégia que muitas empresas de engenharia civil consideram para aumentar sua presença e explorar novas oportunidades de negócios.

Ao avaliar a viabilidade da expansão para novas regiões geográficas, é importante considerar diversos fatores que podem influenciar o sucesso dessa iniciativa.

A seguir, exploraremos alguns pontos relevantes a serem considerados:

Análise de mercado: Antes de expandir para uma nova região geográfica, é essencial realizar uma análise detalhada do mercado.

Isso inclui a avaliação da demanda por serviços de engenharia civil na área, o potencial de crescimento do setor, as características econômicas e demográficas da região, e a presença de concorrentes locais.

Compreender o mercado-alvo é fundamental para identificar se há espaço para a entrada da empresa e se existe uma demanda suficiente para sustentar a operação.

Identificação de oportunidades: A expansão geográfica pode ser impulsionada pela identificação de oportunidades específicas na nova região.

Isso pode incluir a presença de projetos de infraestrutura em andamento ou previstos, o desenvolvimento imobiliário, a disponibilidade de recursos naturais ou a necessidade de soluções especializadas em engenharia civil.

Identificar essas oportunidades pode ajudar a direcionar os esforços da empresa e a determinar se a expansão geográfica é viável e estrategicamente vantajosa.

Avaliação da concorrência: É essencial analisar a concorrência existente na nova região geográfica.

Isso inclui identificar as empresas locais de engenharia civil que atuam na área, seus pontos fortes e fracos, e suas estratégias de negócios.

Compreender a concorrência permitirá à empresa posicionar-se de forma diferenciada e identificar nichos de mercado não atendidos.

Além disso, a empresa deve avaliar se possui vantagens competitivas que lhe permitam competir efetivamente no novo mercado.

Aspectos logísticos e infraestrutura: A expansão geográfica envolve considerações logísticas e infraestruturais.

A empresa deve avaliar a disponibilidade de mão de obra qualificada na nova região, a infraestrutura de transporte e logística, a disponibilidade de suprimentos e materiais necessários, além de questões regulatórias e legais específicas da área.

Esses fatores podem influenciar a eficiência operacional e a capacidade da empresa de atender às demandas do mercado.

Análise financeira: A viabilidade financeira da expansão geográfica deve ser cuidadosamente avaliada.

Isso inclui analisar os custos envolvidos na entrada na nova região, como investimentos em infraestrutura, contratação de pessoal e aquisição de recursos necessários.

Além disso, é importante projetar as receitas esperadas e considerar o retorno do investimento no médio e longo prazo.

Uma análise financeira adequada fornecerá uma visão clara do potencial retorno sobre o investimento e permitirá tomar decisões informadas.

Gerenciamento de riscos: Ao expandir para uma nova região geográfica, é importante identificar e gerenciar os riscos envolvidos.

Isso inclui aspectos como o ambiente regulatório local, instabilidade política, variações econômicas regionais e desafios culturais.

Avaliar os riscos potenciais e desenvolver planos de mitigação apropriados ajudará a empresa a minimizar os impactos negativos e a garantir uma transição suave para o novo mercado.

Ao avaliar a viabilidade da expansão geográfica, é importante realizar uma análise abrangente e detalhada, levando em consideração todos os fatores relevantes.

O planejamento cuidadoso, o entendimento do mercado-alvo e a avaliação realista dos recursos e capacidades da empresa contribuirão para uma tomada de decisão estratégica e informada.

Ética e Responsabilidade Social Empreendedora

Importância da Ética nos Negócios

A ética desempenha um papel fundamental na construção de negócios sólidos e sustentáveis.

Nesta seção, serão abordados os seguintes tópicos:

Ética Empresarial:

A ética empresarial refere-se aos princípios e valores morais que orientam a tomada de decisões e a conduta das empresas em suas atividades comerciais.

Trata-se de um conjunto de normas e padrões éticos que regem a maneira como as empresas interagem com seus stakeholders, lidam com questões morais e sociais, e buscam equilibrar o interesse dos negócios com o bem-estar da sociedade.

A ética empresarial é de extrema importância porque influencia diretamente a reputação, credibilidade e sustentabilidade de uma empresa.

A seguir, exploraremos alguns aspectos relevantes da ética empresarial:

Orientação moral: A ética empresarial fornece uma orientação moral para a tomada de decisões nas empresas.

Ela envolve a consideração dos valores fundamentais, como a honestidade, integridade, justiça, respeito pelos direitos humanos e responsabilidade social.

Ao incorporar esses valores em suas práticas e decisões, as empresas podem garantir que suas ações estejam alinhadas com o que é certo e ético.

Responsabilidade social: A ética empresarial implica na responsabilidade social da empresa em relação aos seus stakeholders, como clientes, funcionários, fornecedores, comunidade e meio ambiente.

Ela envolve a adoção de práticas comerciais responsáveis, o cumprimento das leis e regulamentações, a promoção da diversidade e inclusão, a preocupação com o impacto ambiental e o envolvimento em iniciativas sociais.

Ao assumir essa responsabilidade social, as empresas podem contribuir para o desenvolvimento sustentável e fortalecer seu relacionamento com a sociedade.

Tomada de decisões éticas: A ética empresarial desempenha um papel fundamental na tomada de decisões.

Ela envolve considerar não apenas os interesses financeiros de curto prazo da empresa, mas também as consequências éticas e sociais de suas ações.

Ao avaliar as opções disponíveis, as empresas devem considerar os valores éticos, a equidade, o impacto nas partes interessadas e a conformidade com as leis e regulamentações.

A tomada de decisões éticas promove uma cultura empresarial sólida e confiança dos stakeholders.

Construção de reputação: A ética empresarial é essencial para construir uma boa reputação no mercado.

Empresas que agem de acordo com os princípios éticos são vistas como confiáveis, transparentes e responsáveis.

A reputação é um ativo valioso para as empresas, pois influencia a confiança dos clientes, a atração de talentos, as parcerias comerciais e a fidelidade dos stakeholders.

Através de uma conduta ética consistente, as empresas podem construir uma reputação sólida e diferenciar-se positivamente no mercado.

Conformidade legal e regulatória: A ética empresarial exige que as empresas cumpram todas as leis e regulamentações aplicáveis às suas atividades comerciais.

Isso implica em agir dentro dos limites legais e adotar práticas de governança corporativa adequadas.

O cumprimento das leis e regulamentações é essencial para manter a integridade da empresa, evitar problemas legais e proteger os interesses dos stakeholders.

Valores e Princípios Éticos:

Na engenharia civil, assim como em qualquer setor de negócios, é fundamental que os empreendedores adotem e promovam valores e princípios éticos sólidos.

Esses valores e princípios servem como guias para orientar as ações e decisões dos empreendedores, contribuindo para a construção de uma cultura organizacional ética e para o desenvolvimento de negócios sustentáveis.

Abaixo, estão alguns valores e princípios éticos relevantes para empreendedores na engenharia civil:

Honestidade: A honestidade é a base para qualquer relacionamento comercial saudável.

Os empreendedores devem se esforçar para serem honestos em todas as suas interações, tanto com os clientes como com outros stakeholders.

Isso inclui fornecer informações precisas e transparentes sobre os serviços oferecidos, os custos envolvidos, as expectativas realistas e quaisquer riscos potenciais.

Integridade: A integridade está relacionada à coerência entre os valores professados e as ações praticadas.

Os empreendedores devem agir de forma íntegra, mantendo altos padrões éticos e comportamentais.

Isso envolve tomar decisões baseadas em princípios éticos, cumprir compromissos e obrigações assumidos, e agir de acordo com a lei e as regulamentações aplicáveis.

Transparência: A transparência é essencial para construir a confiança dos clientes e dos demais stakeholders.

Os empreendedores devem ser transparentes em relação às informações relevantes, como prazos, custos, qualidade do trabalho e quaisquer questões que possam impactar o projeto.

Isso inclui comunicar de forma clara e acessível, fornecer informações atualizadas e ser aberto ao diálogo e à prestação de contas.

Responsabilidade: Os empreendedores na engenharia civil devem assumir a responsabilidade por suas ações e pelos resultados de seus projetos.

Isso envolve reconhecer e corrigir erros, assumir a responsabilidade pelos impactos sociais e ambientais de suas atividades, e buscar soluções para problemas que surgirem.

Além disso, os empreendedores devem cumprir as obrigações contratuais, legais e regulatórias, e adotar práticas de gestão responsáveis.

Qualidade: A busca pela excelência e qualidade é um valor essencial na engenharia civil.

Os empreendedores devem se esforçar para fornecer serviços de alta qualidade, atendendo ou superando as expectativas dos clientes.

Isso envolve adotar boas práticas de engenharia, utilizar materiais adequados, garantir a segurança nos projetos e realizar uma supervisão rigorosa para evitar falhas ou defeitos.

Sustentabilidade: A sustentabilidade é um princípio cada vez mais importante na engenharia civil.

Os empreendedores devem considerar os impactos ambientais, sociais e econômicos de seus projetos, buscando soluções que sejam ambientalmente responsáveis, socialmente justas e economicamente viáveis.

Isso pode incluir a adoção de práticas de construção sustentáveis, a minimização do desperdício, o uso de materiais e energia renováveis, e o respeito às comunidades locais e aos direitos humanos.

Ao adotar e promover esses valores e princípios éticos na engenharia civil, os empreendedores podem construir uma reputação sólida, atrair e reter clientes, estabelecer relacionamentos de longo prazo com stakeholders e contribuir para o desenvolvimento sustentável da sociedade como um todo.

Tomada de Decisões Éticas:

A tomada de decisões éticas é um aspecto crítico da conduta empresarial responsável na engenharia civil.

Em situações complexas e desafiadoras, os empreendedores enfrentam dilemas éticos que exigem uma cuidadosa consideração e avaliação das consequências de suas ações.

Abaixo estão algumas estratégias e abordagens para tomar decisões éticas:

Conhecimento e compreensão: Os empreendedores devem buscar um bom entendimento dos princípios éticos relevantes, bem como das leis e regulamentos aplicáveis no setor da engenharia civil.

Isso inclui estar atualizado sobre os códigos de conduta profissional, normas técnicas e regulamentações governamentais que regem a atividade empresarial.

Análise e avaliação: Ao enfrentar uma decisão ética, os empreendedores devem conduzir uma análise cuidadosa dos diferentes cursos de ação disponíveis e avaliar as possíveis consequências de cada opção.

Isso envolve considerar o impacto nas partes interessadas, como clientes, funcionários, comunidades locais e meio ambiente, além de ponderar as implicações éticas a longo prazo.

Consulta e diálogo: Em situações complexas, é valioso buscar diferentes perspectivas e opiniões.

Os empreendedores podem consultar colegas, especialistas, advogados ou outros profissionais que possam fornecer insights relevantes.

Além disso, envolver as partes interessadas afetadas pela decisão, como clientes, funcionários e comunidades locais, pode ajudar a obter uma compreensão mais ampla dos impactos potenciais.

Busca de soluções criativas: Em vez de se limitar a abordagens tradicionais, os empreendedores podem explorar soluções criativas que atendam às necessidades e respeitem os princípios éticos.

Isso pode envolver a busca de alternativas que equilibrem os interesses das partes envolvidas, encontrem um compromisso aceitável ou busquem uma abordagem inovadora para resolver o dilema ético.

Prestação de contas e transparência: Ao tomar uma decisão ética, é importante assumir a responsabilidade pelas ações e estar disposto a prestar contas por elas.

Os empreendedores devem ser transparentes sobre as decisões tomadas, comunicando de forma clara os motivos e os princípios éticos que orientaram sua escolha.

Isso ajuda a construir confiança com os stakeholders e demonstra um compromisso com a responsabilidade ética.

Aprendizado contínuo: A ética empresarial é um processo contínuo de aprendizado e aprimoramento.

Os empreendedores devem estar dispostos a refletir sobre suas decisões passadas, aprender com erros e sucessos, e buscar constantemente melhorar suas habilidades de tomada de decisões éticas.

Isso pode envolver a participação em programas de desenvolvimento profissional, a busca de mentoria ética ou a participação em discussões e debates sobre questões éticas relevantes.

Ao adotar essas estratégias e abordagens, os empreendedores na engenharia civil podem tomar decisões mais éticas e responsáveis, promovendo uma cultura empresarial que valoriza a integridade, a transparência e o respeito pelos princípios éticos.

Responsabilidade Social e Ambiental na Engenharia Civil

A responsabilidade social e ambiental é uma preocupação crescente na indústria da engenharia civil.

Nesta seção, serão abordados os seguintes tópicos:

**Responsabilidade Social:**

A responsabilidade social é um princípio fundamental que os empreendedores na engenharia civil devem adotar.

Compreender a importância de contribuir para o bem-estar da sociedade é essencial para construir negócios sólidos e sustentáveis, além de promover um impacto positivo nas comunidades em que atuam.

A responsabilidade social empresarial vai além do simples cumprimento das leis e regulamentos.

Envolve a adoção de práticas e iniciativas que visam promover a inclusão social, o desenvolvimento comunitário e o respeito aos direitos humanos.

Abaixo estão algumas maneiras pelas quais os empreendedores podem demonstrar responsabilidade social:

Inclusão Social: Os empreendedores podem adotar políticas e práticas que promovam a inclusão de grupos socialmente marginalizados, como pessoas com deficiência, minorias étnicas, mulheres e jovens.

Isso pode envolver a implementação de programas de diversidade e igualdade de oportunidades, a criação de ambientes de trabalho inclusivos e a contratação de fornecedores locais e diversificados.

Desenvolvimento Comunitário: Contribuir para o desenvolvimento das comunidades em que a empresa está inserida é uma forma de responsabilidade social.

Os empreendedores podem realizar projetos e iniciativas que visem melhorar a qualidade de vida das comunidades locais, como programas de educação, treinamento profissional, acesso a serviços básicos e investimento em infraestrutura.

Sustentabilidade Ambiental: A responsabilidade social também implica em adotar práticas de negócios sustentáveis que minimizem o impacto ambiental.

Os empreendedores podem implementar medidas de eficiência energética, redução de resíduos, conservação de recursos naturais e utilização de energias renováveis.

Além disso, podem promover a conscientização ambiental entre seus colaboradores e clientes.

Ética nas Relações de Trabalho: Uma empresa socialmente responsável valoriza seus colaboradores e garante condições de trabalho justas e seguras.

Isso inclui o cumprimento das leis trabalhistas, a promoção de um ambiente de trabalho saudável e o respeito aos direitos dos trabalhadores, como salários justos, horários adequados e acesso a benefícios.

Engajamento com as Partes Interessadas: A responsabilidade social empresarial envolve o diálogo e a colaboração com as partes interessadas, como clientes, fornecedores, comunidades locais e organizações da sociedade civil.

Os empreendedores podem buscar o envolvimento dessas partes interessadas em decisões importantes, ouvir suas preocupações e necessidades, e trabalhar em parceria para alcançar objetivos compartilhados.

Relato e Transparência: A prestação de contas e a transparência são elementos-chave da responsabilidade social empresarial.

Os empreendedores podem comunicar de forma clara suas práticas de responsabilidade social, divulgar informações relevantes sobre seus impactos sociais e ambientais, e relatar regularmente suas atividades e progresso nessa área.

Ao adotar a responsabilidade social como um princípio orientador, os empreendedores na engenharia civil têm a oportunidade de criar um impacto positivo em suas comunidades, contribuir para a melhoria da sociedade como um todo e fortalecer a reputação de suas empresas.

Além disso, a responsabilidade social pode gerar benefícios econômicos, como o aumento da lealdade dos clientes, a atração de talentos e a construção de parcerias estratégicas.

Responsabilidade Ambiental:

A responsabilidade ambiental é um aspecto essencial da atuação dos empreendedores na engenharia civil.

Reconhecer a necessidade de minimizar o impacto ambiental das atividades e adotar práticas sustentáveis são passos importantes para promover a sustentabilidade e preservar os recursos naturais.

A responsabilidade ambiental envolve a conscientização e o compromisso de reduzir o impacto negativo das atividades da engenharia civil no meio ambiente.

A seguir, apresento algumas práticas e abordagens que os empreendedores podem adotar para demonstrar responsabilidade ambiental:

Gestão de Resíduos: Implementar práticas eficientes de gestão de resíduos é essencial para minimizar o impacto ambiental.

Isso inclui a redução na geração de resíduos, a segregação adequada e o tratamento dos resíduos gerados, bem como a adoção de medidas de reciclagem e reutilização sempre que possível.

Eficiência Energética: Promover a eficiência energética é uma forma eficaz de reduzir o consumo de energia e, consequentemente, diminuir as emissões de gases de efeito estufa.

Os empreendedores podem adotar medidas como o uso de tecnologias mais eficientes, a implementação de sistemas de iluminação e climatização de baixo consumo energético e a conscientização dos colaboradores sobre a importância do uso responsável da energia.

Conservação de Recursos Naturais: A conscientização e a conservação dos recursos naturais são fundamentais para a responsabilidade ambiental.

Isso envolve a adoção de práticas sustentáveis de uso da água, a conservação de áreas verdes e a preservação de habitats naturais durante a execução de projetos.

Uso de Materiais Sustentáveis: A escolha de materiais de construção sustentáveis e de baixo impacto ambiental é uma prática importante na engenharia civil responsável.

Isso inclui o uso de materiais reciclados, certificados ou provenientes de fontes renováveis, além da redução do desperdício durante a construção.

Avaliação de Impacto Ambiental: Realizar avaliações de impacto ambiental antes da execução de projetos é uma maneira de identificar e mitigar potenciais impactos negativos.

Isso envolve a análise dos efeitos do projeto sobre os recursos naturais, a biodiversidade, o solo, a qualidade do ar e da água, entre outros aspectos ambientais.

Educação Ambiental: Promover a conscientização e a educação ambiental entre os colaboradores, clientes e comunidades locais é uma estratégia importante para disseminar a responsabilidade ambiental.

Isso pode ser feito por meio de programas de treinamento, campanhas de conscientização e engajamento com a comunidade.

Gestão de Resíduos e Recursos:

A gestão de resíduos e recursos é uma parte essencial da responsabilidade ambiental na engenharia civil.

Explorar estratégias para gerenciar adequadamente os resíduos gerados pelos projetos, promover a reciclagem e reutilização de materiais, além de buscar eficiência energética e uso responsável dos recursos naturais, são práticas fundamentais para reduzir o impacto ambiental e promover a sustentabilidade.

A seguir, apresento algumas estratégias que os empreendedores na engenharia civil podem adotar para uma gestão eficiente de resíduos e recursos:

Plano de Gerenciamento de Resíduos: Elaborar um plano de gerenciamento de resíduos é fundamental para identificar as etapas do projeto em que serão gerados resíduos e estabelecer diretrizes para a sua correta segregação, coleta, transporte e disposição final.

O plano deve contemplar a utilização de práticas de redução na geração de resíduos, como a minimização de embalagens, a reutilização de materiais e a compra consciente de insumos.

Reciclagem e Reutilização de Materiais: Promover a reciclagem e reutilização de materiais é uma forma eficaz de reduzir a quantidade de resíduos enviados para aterros sanitários e minimizar a extração de recursos naturais.

Os empreendedores podem buscar parcerias com empresas especializadas na reciclagem de materiais de construção, além de considerar a viabilidade de utilizar materiais reciclados em seus projetos.

Eficiência Energética: Adotar medidas para promover a eficiência energética nos projetos é uma estratégia importante para reduzir o consumo de

energia e minimizar a demanda por recursos
naturais.

Isso pode envolver o uso de equipamentos e sistemas
energicamente eficientes, a implementação de
sistemas de iluminação com tecnologia LED, a
utilização de energias renováveis, como a energia
solar, e a conscientização dos colaboradores sobre a
importância do uso responsável da energia.

Uso Responsável de Recursos Naturais: A
conscientização e a adoção de práticas sustentáveis
no uso de recursos naturais são essenciais.

Os empreendedores podem buscar formas de reduzir
o consumo de água, adotar sistemas de reuso de
água, utilizar técnicas de captação de água da chuva,
promover a conservação de áreas verdes e utilizar
materiais de construção provenientes de fontes
renováveis.

Monitoramento e Avaliação: Implementar um
sistema de monitoramento e avaliação dos
indicadores de gestão de resíduos e recursos é
fundamental para acompanhar o desempenho e
identificar oportunidades de melhoria.

Isso pode incluir a medição do volume de resíduos gerados, a taxa de reciclagem e reutilização de materiais, o consumo de energia e água, entre outros aspectos relevantes.

A gestão eficiente de resíduos e recursos na engenharia civil não apenas contribui para a preservação do meio ambiente, mas também pode trazer benefícios econômicos, como a redução de custos com aquisição de materiais, economia de energia e água, além da melhoria da imagem da empresa perante os stakeholders.

Abordagens Sustentáveis e Práticas Socialmente Responsáveis

A adoção de abordagens sustentáveis e práticas socialmente responsáveis traz benefícios para a empresa, comunidade e meio ambiente.

Nesta seção, serão abordados os seguintes tópicos:

Sustentabilidade em Projetos:

A sustentabilidade em projetos é uma abordagem que busca integrar princípios e práticas sustentáveis em todas as fases do projeto, desde o planejamento até a execução e entrega.

Ao considerar aspectos como eficiência energética, uso de materiais sustentáveis e redução do impacto ambiental, os empreendedores na engenharia civil podem promover a criação de projetos mais sustentáveis e alinhados com as demandas atuais de preservação ambiental.

A seguir, são apresentados alguns pontos-chave para integrar a sustentabilidade em projetos:

Planejamento Sustentável: Desde o estágio inicial do projeto, é importante considerar aspectos de sustentabilidade, como a escolha de materiais de baixo impacto ambiental, a adoção de práticas de eficiência energética e a incorporação de soluções de captação e reutilização de água.

Além disso, é fundamental avaliar o potencial de impacto ambiental do projeto e identificar estratégias para minimizá-lo.

Eficiência Energética: A eficiência energética deve ser uma prioridade em projetos sustentáveis.

Isso envolve a utilização de tecnologias e sistemas que reduzam o consumo de energia, como iluminação LED, isolamento térmico adequado, utilização de fontes de energia renovável e sistemas de controle de energia inteligentes.

Uso de Materiais Sustentáveis: A escolha de materiais sustentáveis é fundamental para reduzir o impacto ambiental de um projeto.

Isso inclui a preferência por materiais renováveis, reciclados ou de baixa emissão de gases de efeito estufa.

Além disso, é importante considerar a durabilidade dos materiais, sua capacidade de reciclagem ou reutilização e a origem sustentável dos recursos utilizados.

Gestão de Resíduos: A gestão adequada de resíduos é essencial para minimizar o impacto ambiental de um projeto.

Isso envolve a implementação de práticas de redução, reutilização e reciclagem de resíduos gerados durante a construção e a operação do empreendimento.

Também é importante promover a conscientização dos envolvidos no projeto sobre a importância da segregação correta dos resíduos e a busca por alternativas de disposição final ambientalmente adequadas.

Monitoramento e Avaliação: Para garantir a efetiva integração da sustentabilidade em projetos, é necessário estabelecer um sistema de monitoramento e avaliação.

Isso envolve a definição de indicadores de desempenho relacionados à sustentabilidade, que permitam acompanhar o progresso do projeto e identificar oportunidades de melhoria.

 Essa análise contínua é fundamental para garantir que os princípios de sustentabilidade sejam aplicados ao longo do ciclo de vida do projeto.

A integração da sustentabilidade em projetos na engenharia civil não apenas contribui para a preservação do meio ambiente, mas também pode trazer benefícios econômicos e sociais.

Projetos sustentáveis têm maior valor de mercado, maior eficiência operacional e podem melhorar a qualidade de vida das pessoas, proporcionando ambientes mais saudáveis e seguros.

Além disso, projetos sustentáveis estão alinhados com as expectativas e demandas da sociedade, que cada vez mais valoriza a responsabilidade ambiental e social das empresas.

Portanto, ao adotar princípios de sustentabilidade em seus projetos, os empreendedores da engenharia civil podem se destacar no mercado, promovendo um futuro mais sustentável e resiliente.

Envolvimento com a Comunidade:

O envolvimento com a comunidade é uma prática essencial para os empreendedores na área da engenharia civil que desejam estabelecer uma relação saudável e sustentável com a comunidade local em que atuam.

Essa abordagem envolve o desenvolvimento de parcerias e programas que visam promover o desenvolvimento da comunidade, por meio de iniciativas de educação, capacitação e melhoria de infraestruturas.

A seguir, são apresentados alguns pontos-chave para o envolvimento efetivo com a comunidade:

Diálogo e Participação: É fundamental estabelecer um diálogo aberto e transparente com a comunidade, permitindo que ela seja ouvida e tenha oportunidades de participar ativamente do processo de tomada de decisões.

Isso pode ser feito por meio de consultas públicas, reuniões comunitárias, grupos de trabalho e outras formas de envolvimento que permitam a expressão das opiniões e preocupações da comunidade.

Parcerias Locais: Estabelecer parcerias com organizações locais, como instituições educacionais, associações comunitárias e entidades sem fins lucrativos, pode fortalecer o impacto das iniciativas.

Essas parcerias podem envolver programas de educação profissional, cursos de capacitação, programas de estágio, doações de materiais e recursos, entre outros.

Desenvolvimento de Infraestruturas: Contribuir para a melhoria da infraestrutura local é uma forma tangível de impactar positivamente a comunidade.

Isso pode envolver a realização de projetos que beneficiem a comunidade, como construção ou reforma de escolas, hospitais, centros comunitários, espaços públicos e instalações esportivas.

Além disso, é importante considerar a acessibilidade e a sustentabilidade dessas infraestruturas, buscando soluções que sejam inclusivas e de baixo impacto ambiental.

Programas de Capacitação: Investir em programas de capacitação e educação é uma maneira efetiva de promover o desenvolvimento da comunidade.

Esses programas podem abranger treinamentos profissionais, cursos técnicos, workshops de empreendedorismo, educação ambiental e outras iniciativas que capacitem os moradores locais a adquirir habilidades relevantes e melhorar suas perspectivas de emprego e renda.

Desenvolvimento Sustentável: Ao promover o desenvolvimento da comunidade, é importante adotar uma abordagem de desenvolvimento sustentável, considerando o equilíbrio entre os aspectos econômicos, sociais e ambientais.

Isso significa buscar soluções que atendam às necessidades presentes da comunidade, sem comprometer as gerações futuras, levando em conta a conservação dos recursos naturais e a mitigação dos impactos ambientais.

O envolvimento com a comunidade vai além do cumprimento de obrigações legais ou responsabilidades corporativas.

É uma oportunidade de criar um relacionamento de confiança e colaboração mútua, em que a empresa de engenharia civil se torna um parceiro ativo no desenvolvimento da comunidade.

Ao estabelecer parcerias duradouras, promover a educação e capacitação, e contribuir para a melhoria das infraestruturas, os empreendedores têm a chance de impactar positivamente a vida das pessoas e construir uma reputação sólida e sustentável na comunidade local.

Inovação e Tecnologias Sustentáveis:

A inovação e a adoção de tecnologias sustentáveis desempenham um papel crucial na engenharia civil moderna, permitindo a criação de soluções mais eficientes, econômicas e ambientalmente responsáveis.

Ao explorar oportunidades nessa área, os empreendedores podem se destacar no mercado, atender às demandas da sociedade por práticas sustentáveis e contribuir para a preservação do meio ambiente.

Energias Renováveis: A integração de energias renováveis nos projetos de engenharia civil é uma maneira eficaz de reduzir o impacto ambiental e promover a sustentabilidade.

A utilização de fontes de energia renováveis, como a energia solar, eólica, hidrelétrica e geotérmica, pode reduzir significativamente a dependência de fontes de energia não renováveis e as emissões de gases de efeito estufa.

Construções Verdes: As construções verdes são projetadas para minimizar o consumo de energia, utilizar materiais sustentáveis e criar ambientes saudáveis e confortáveis.

Ao adotar práticas de construção verde, como o uso de materiais reciclados, eficiência energética, sistemas de captação e reutilização da água da chuva, técnicas de ventilação natural e aproveitamento da iluminação natural, é possível reduzir o consumo de recursos naturais e os impactos ambientais.

Soluções Inteligentes: A aplicação de tecnologias inteligentes na engenharia civil oferece a oportunidade de otimizar a utilização de recursos, melhorar a eficiência e reduzir custos.

Isso inclui o uso de sensores, sistemas de monitoramento, automação e controle inteligente, que permitem o gerenciamento eficiente de infraestruturas, como iluminação pública, distribuição de água e controle de tráfego, resultando em uma menor pegada ecológica.

Gerenciamento de Resíduos: A inovação na gestão de resíduos é fundamental para reduzir a quantidade de resíduos gerados pelos projetos de engenharia civil.

Isso pode ser alcançado por meio da implementação de práticas de reciclagem e reutilização de materiais, adoção de técnicas de construção modular, uso de sistemas de tratamento e disposição adequada de resíduos.

Além disso, a aplicação de tecnologias de recuperação de energia a partir de resíduos pode contribuir para a redução da dependência de fontes de energia não renováveis.

Modelagem e Simulação: O uso de tecnologias avançadas de modelagem e simulação, como a realidade virtual e a realidade aumentada, pode auxiliar no projeto, planejamento e monitoramento de projetos de engenharia civil.

Essas ferramentas permitem a visualização e análise precisa dos projetos antes mesmo de sua construção, contribuindo para a tomada de decisões informadas, a redução de erros e retrabalhos, e a otimização de recursos.

Ao explorar a inovação e a adoção de tecnologias sustentáveis na engenharia civil, os empreendedores não apenas contribuem para a preservação do meio ambiente, mas também se posicionam como líderes do mercado, atendendo às expectativas dos clientes e às demandas da sociedade por práticas sustentáveis.

Além disso, a inovação e a incorporação de tecnologias sustentáveis podem gerar oportunidades de negócios e diferenciação competitiva, impulsionando o crescimento e o sucesso empresarial.

Desafios e Superação

Desafios Comuns Enfrentados por Empreendedores na Engenharia Civil

Os empreendedores na engenharia civil enfrentam uma série de desafios ao longo de sua jornada.

É importante compreender esses desafios e estar preparado para superá-los.

Alguns desafios comuns incluem:

Concorrência e Mercado Competitivo:

Na indústria da engenharia civil, a concorrência é uma realidade constante.

Para se destacar em um mercado altamente competitivo, os empreendedores precisam adotar estratégias inteligentes para se diferenciar e conquistar a preferência dos clientes.

Aqui estão algumas abordagens que podem ajudar nesse processo:

Especialização única: Identificar uma especialização única dentro da engenharia civil pode ser uma estratégia eficaz para se destacar da concorrência.

Isso envolve desenvolver habilidades e conhecimentos específicos em um nicho de mercado ou setor da indústria.

Ao se tornar um especialista em uma área específica, como engenharia geotécnica, infraestrutura urbana sustentável ou construção modular, você pode atrair clientes que procuram soluções especializadas e personalizadas.

Inovação tecnológica: A adoção de tecnologias inovadoras pode ser uma forma de diferenciar seu negócio.

A indústria da engenharia civil está em constante evolução, e a integração de tecnologias avançadas, como modelagem 3D, impressão 3D, inteligência artificial e automação, pode melhorar a eficiência dos projetos, reduzir custos e proporcionar resultados de alta qualidade.

Ao oferecer soluções inovadoras aos clientes, você se posiciona como um líder no mercado e atrai aqueles que buscam abordagens avançadas.

Serviço excepcional ao cliente: Oferecer um serviço excepcional ao cliente é uma maneira poderosa de se diferenciar na indústria da engenharia civil.

Isso envolve garantir um atendimento personalizado, comunicar-se de maneira clara e eficiente, cumprir prazos, fornecer soluções sob medida e demonstrar comprometimento com a satisfação do cliente.

Ao construir relacionamentos sólidos com os clientes e fornecer um serviço de qualidade, você estabelece uma reputação positiva e gera recomendações boca a boca, o que pode impulsionar seu crescimento e sucesso.

Parcerias estratégicas: Estabelecer parcerias com outras empresas do setor pode ser uma maneira eficaz de expandir sua rede de contatos, compartilhar conhecimentos e recursos, e acessar novas oportunidades de negócios.

Ao colaborar com empresas complementares, você pode oferecer uma gama mais ampla de serviços e competir em projetos maiores e mais complexos.

Além disso, as parcerias também podem fornecer suporte mútuo durante períodos de alta demanda ou escassez de recursos.

Acompanhamento de tendências e demandas do mercado: É fundamental estar atento às tendências e demandas do mercado. A indústria da engenharia civil está em constante evolução, com mudanças nas necessidades dos clientes, avanços tecnológicos e regulamentações.

Ficar atualizado com as tendências emergentes, como sustentabilidade, digitalização, eficiência energética e desenvolvimento urbano, permite que você antecipe as demandas do mercado e adapte sua oferta de serviços de acordo.

Enfrentar a concorrência em um mercado competitivo requer estratégia, diferenciação e uma mentalidade de melhoria contínua.

Ao adotar abordagens inteligentes, oferecer valor excepcional aos clientes e se manter atualizado com as mudanças do setor, você estará bem posicionado para enfrentar a concorrência e alcançar o sucesso empresarial na indústria da engenharia civil.

Gestão Financeira:

A gestão financeira é uma parte essencial do empreendimento na indústria da engenharia civil.

Uma gestão financeira adequada ajuda a garantir a sustentabilidade e o sucesso do negócio.

Aqui estão alguns aspectos importantes a serem considerados ao lidar com a gestão financeira:

Financiamento inicial: Um dos desafios iniciais para muitos empreendedores é obter financiamento para iniciar o negócio.

É importante identificar as fontes de financiamento disponíveis, como empréstimos bancários, investidores ou parcerias estratégicas.

Elaborar um plano de negócios detalhado e convincente é essencial para atrair potenciais financiadores e demonstrar a viabilidade do empreendimento.

Controle de custos: É fundamental ter um controle rigoroso dos custos do projeto desde o início. Isso envolve identificar e estimar corretamente os custos de mão de obra, materiais, equipamentos e outras despesas relacionadas ao projeto.

O acompanhamento regular dos custos em relação ao orçamento planejado é necessário para evitar estouros de custos e garantir a rentabilidade dos projetos.

Gerenciamento de fluxo de caixa: O gerenciamento eficiente do fluxo de caixa é crucial para a saúde financeira do negócio. É importante monitorar de perto os pagamentos de clientes, pagamentos a fornecedores e outras obrigações financeiras.

Garantir que o fluxo de caixa seja suficiente para cobrir os custos operacionais, investimentos e obrigações financeiras é essencial para evitar problemas de liquidez.

Planejamento financeiro de longo prazo: É recomendado desenvolver um planejamento financeiro de longo prazo para orientar as decisões financeiras do negócio.

Isso inclui estabelecer metas financeiras, como crescimento da receita, margens de lucro, retorno sobre investimento e reservas financeiras.

Um plano financeiro bem elaborado ajuda a orientar as atividades diárias do negócio, tomar decisões estratégicas e lidar com contingências financeiras.

Análise de viabilidade financeira dos projetos: Antes de aceitar um projeto, é importante realizar uma análise detalhada de sua viabilidade financeira.

Isso envolve avaliar os custos estimados, a receita esperada e a lucratividade projetada.

Uma análise criteriosa ajuda a identificar projetos lucrativos e a evitar projetos com baixa rentabilidade ou riscos financeiros significativos.

Investimento em tecnologia e automação: A tecnologia desempenha um papel cada vez mais importante na gestão financeira da indústria da engenharia civil.

A adoção de software de gestão financeira, ferramentas de monitoramento de custos e sistemas automatizados pode simplificar processos, melhorar a eficiência e fornecer informações financeiras precisas e em tempo real.

Consultoria financeira: Para obter uma gestão financeira eficiente, pode ser útil buscar a orientação de consultores financeiros especializados.

Eles podem oferecer insights valiosos, ajudar na elaboração de estratégias financeiras e fornecer análises financeiras detalhadas para embasar as decisões de negócios.

Uma gestão financeira sólida é fundamental para garantir a saúde financeira do negócio, minimizar riscos e maximizar oportunidades de crescimento.

Ao adotar uma abordagem estratégica para a gestão financeira e buscar conhecimento especializado quando necessário, os empreendedores da indústria da engenharia civil podem construir um negócio sustentável e bem-sucedido.

Gerenciamento de Projetos:

O gerenciamento de projetos desempenha um papel fundamental na indústria da engenharia civil, pois projetos nesse setor geralmente envolvem uma série de atividades complexas e interconectadas.

Aqui estão alguns aspectos importantes a serem considerados ao lidar com o gerenciamento de projetos de forma eficaz:

Planejamento detalhado: Um planejamento cuidadoso e detalhado é essencial para o sucesso do projeto.

Isso envolve a definição clara dos objetivos do projeto, a identificação dos principais marcos e entregas, a criação de um cronograma realista e a alocação adequada de recursos.

Um plano bem elaborado serve como um guia para a execução do projeto e ajuda a minimizar os riscos e imprevistos.

Gestão de prazos: Cumprir os prazos é crucial para o sucesso do projeto. Isso requer uma boa compreensão das atividades envolvidas, uma sequência lógica de tarefas e a atribuição adequada de recursos para cada atividade.

Além disso, é importante monitorar e acompanhar o progresso do projeto regularmente, identificar possíveis atrasos e tomar medidas corretivas para garantir a conclusão dentro do prazo estabelecido.

Alocação de recursos: Uma alocação eficaz de recursos é essencial para a execução do projeto. Isso inclui recursos humanos, materiais, equipamentos e financeiros.

É importante identificar as necessidades de recursos de cada atividade, atribuir as pessoas certas com as habilidades necessárias, garantir a disponibilidade de materiais e equipamentos adequados, e gerenciar o orçamento do projeto de forma eficiente.

Comunicação eficaz: A comunicação clara e eficiente é fundamental para o sucesso do gerenciamento de projetos.

Isso envolve a criação de canais de comunicação adequados, estabelecendo uma estrutura de comunicação eficiente e garantindo que todas as partes interessadas sejam informadas sobre o progresso do projeto, mudanças de escopo e decisões importantes.

A comunicação aberta e transparente ajuda a evitar mal-entendidos, manter as expectativas alinhadas e solucionar problemas de forma eficiente.

Gestão de riscos: A gestão de riscos é essencial para identificar e lidar com os riscos potenciais que podem afetar o projeto.

Isso envolve a identificação proativa dos riscos, a avaliação de sua probabilidade de ocorrência e impacto, e o desenvolvimento de planos de mitigação para minimizar seus efeitos negativos.

A gestão de riscos também requer uma abordagem flexível para lidar com imprevistos e a capacidade de tomar decisões rápidas e eficazes quando necessário.

Gestão de mudanças: Os projetos estão sujeitos a mudanças ao longo do tempo, como alterações de escopo, prazos ou requisitos.

Uma gestão eficaz de mudanças envolve avaliar o impacto das mudanças propostas, negociar acordos com as partes interessadas, ajustar o plano do projeto conforme necessário e comunicar as mudanças de forma clara para toda a equipe.

Aprendizado contínuo e melhoria: O gerenciamento de projetos é um processo contínuo de aprendizado e melhoria.

É importante revisar e avaliar regularmente o desempenho do projeto, identificar áreas de melhoria, aprender com os sucessos e fracassos, e aplicar essas lições aprendidas em projetos futuros.

Ao adotar práticas sólidas de gerenciamento de projetos, os empreendedores da indústria da engenharia civil podem enfrentar os desafios inerentes a projetos complexos e entregar resultados de alta qualidade dentro dos prazos e orçamentos estabelecidos.

Gestão de Pessoas:

A gestão de pessoas desempenha um papel crucial no sucesso dos empreendimentos na indústria da engenharia civil.

Lidar com equipes e colaboradores de forma eficaz requer habilidades de liderança, capacidade de motivação, resolução de conflitos e promoção de um ambiente de trabalho saudável.

Aqui estão alguns aspectos importantes a serem considerados ao abordar a gestão de pessoas:

Recrutamento e seleção: Atrair e contratar talentos qualificados é fundamental para construir uma equipe forte e competente.

Isso envolve identificar as habilidades e competências necessárias para cada função, criar descrições de cargos claras, conduzir processos de seleção eficientes e avaliar candidatos com base em critérios objetivos.

Ao recrutar, é importante buscar profissionais com conhecimento técnico sólido, habilidades de colaboração e comprometimento com a qualidade do trabalho.

Desenvolvimento e capacitação: Investir no desenvolvimento e capacitação contínua da equipe é essencial para mantê-la atualizada e motivada.

Isso pode ser feito por meio de treinamentos internos, participação em cursos e workshops, mentorias, entre outros.

Ao desenvolver os colaboradores, eles se tornam mais competentes, confiantes e capazes de lidar com desafios técnicos e de gestão.

Motivação e engajamento: Manter a equipe motivada e engajada é fundamental para o sucesso do empreendimento.

Isso pode ser alcançado por meio de reconhecimento e recompensas adequadas, estabelecendo metas desafiadoras, promovendo um ambiente de trabalho positivo e oferecendo oportunidades de crescimento e desenvolvimento profissional.

O feedback regular e construtivo também desempenha um papel importante na motivação dos colaboradores.

Comunicação efetiva: A comunicação clara e aberta é fundamental para estabelecer um ambiente de trabalho saudável e produtivo.

Isso inclui fornecer direcionamentos claros, compartilhar informações relevantes, ouvir as opiniões da equipe e garantir que as mensagens sejam transmitidas de forma clara e compreensível.

A comunicação efetiva também envolve manter uma comunicação regular com a equipe, seja por meio de reuniões individuais, reuniões de equipe ou canais de comunicação internos.

Resolução de conflitos: Conflitos podem surgir em qualquer ambiente de trabalho. É importante abordar os conflitos de forma rápida e efetiva, promovendo a comunicação aberta e a resolução colaborativa de problemas.

Isso envolve ouvir todas as partes envolvidas, entender as perspectivas e interesses de cada um e buscar soluções que atendam aos melhores interesses da equipe e do empreendimento como um todo.

Liderança eficaz: Uma liderança eficaz é fundamental para orientar a equipe, definir metas claras, fornecer apoio e orientação, e promover um ambiente de trabalho colaborativo e produtivo.

Os líderes devem inspirar confiança, fornecer feedback construtivo, delegar responsabilidades de forma adequada e incentivar o crescimento e desenvolvimento dos colaboradores.

Promoção da diversidade e inclusão: A diversidade e a inclusão são elementos essenciais para uma equipe e um ambiente de trabalho saudáveis.

Promover a diversidade étnica, de gênero, cultural e de pensamento contribui para uma equipe mais criativa, inovadora e capaz de enfrentar os desafios com uma variedade de perspectivas.

Além disso, é importante criar um ambiente inclusivo onde todos os membros da equipe se sintam valorizados, respeitados e tenham igualdade de oportunidades.

Ao abordar a gestão de pessoas de forma eficaz, os empreendedores da engenharia civil podem construir equipes talentosas, motivadas e comprometidas, o que contribui diretamente para o sucesso do empreendimento.

Estratégias para Superar Desafios e Adversidades

Superar desafios e adversidades é essencial para o sucesso do empreendedor na engenharia civil.

Aqui estão algumas estratégias que podem ser úteis:

Planejamento Estratégico:

O planejamento estratégico desempenha um papel fundamental no sucesso empresarial na indústria da engenharia civil.

Ele envolve a definição de metas claras, a análise cuidadosa do ambiente externo e interno, a identificação de oportunidades e desafios, e o desenvolvimento de estratégias eficazes para alcançar os objetivos estabelecidos.

Aqui estão alguns pontos importantes a serem considerados ao abordar o planejamento estratégico:

Definição de metas e objetivos: O planejamento estratégico começa com a definição clara de metas e objetivos para a empresa.

Essas metas devem ser específicas, mensuráveis, alcançáveis, relevantes e com prazo determinado (conhecidas como metas SMART).

Elas fornecem uma direção clara para a organização e orientam todas as atividades e decisões.

Análise do ambiente externo e interno: É essencial realizar uma análise detalhada do ambiente externo e interno.

A análise externa envolve a compreensão das tendências do mercado, as demandas dos clientes, as mudanças regulatórias e a análise da concorrência.

A análise interna inclui a avaliação dos recursos da empresa, as capacidades da equipe, os processos internos e a identificação de pontos fortes e fracos.

Identificação de oportunidades e desafios: Com base na análise do ambiente, é possível identificar oportunidades que a empresa pode aproveitar e desafios que precisa enfrentar.

As oportunidades podem incluir novos segmentos de mercado, avanços tecnológicos ou parcerias estratégicas.

Os desafios podem ser a concorrência acirrada, mudanças regulatórias ou a falta de recursos financeiros.

Desenvolvimento de estratégias: Com base nas metas estabelecidas e nas análises realizadas, é hora de desenvolver estratégias que ajudem a alcançar os objetivos da empresa.

As estratégias devem ser realistas, viáveis e alinhadas com os recursos disponíveis.

Elas podem incluir a diferenciação da empresa por meio de serviços especializados, a expansão para novos mercados, o investimento em tecnologia ou a otimização dos processos internos.

Implementação e acompanhamento: Uma estratégia bem elaborada só trará resultados se for adequadamente implementada e monitorada.

Isso envolve a definição de planos de ação, a atribuição de responsabilidades, o estabelecimento de indicadores de desempenho e a realização de um acompanhamento regular para avaliar o progresso e fazer ajustes quando necessário.

A implementação eficaz requer o envolvimento de toda a equipe, comunicação clara e alinhamento com os objetivos estratégicos.

Revisão e adaptação: O ambiente de negócios está em constante mudança, e é importante revisar regularmente o plano estratégico para garantir sua relevância e eficácia contínuas.

A empresa deve estar disposta a se adaptar e fazer ajustes quando surgirem novas informações, tendências ou desafios inesperados.

O planejamento estratégico bem executado proporciona uma visão clara do caminho a seguir, ajuda a tomar decisões informadas, maximiza as oportunidades e minimiza os riscos.

Ele oferece uma base sólida para enfrentar desafios de forma proativa e alcançar o sucesso empresarial a longo prazo.

Aprendizado Contínuo:

O aprendizado contínuo desempenha um papel crucial no sucesso de empreendedores na indústria da engenharia civil.

Em um setor em constante evolução, é essencial estar aberto a novos conhecimentos, habilidades e perspectivas.

Aqui estão alguns pontos importantes a serem considerados ao abordar o aprendizado contínuo:

Desenvolvimento profissional: Investir no desenvolvimento profissional é fundamental para se manter atualizado e adquirir novas habilidades relevantes para a indústria da engenharia civil.

Isso pode incluir participação em cursos, workshops, conferências e seminários relacionados ao campo da engenharia civil.

Além disso, buscar certificações reconhecidas pode ajudar a aprimorar sua credibilidade e competência profissional.

Acompanhamento das tendências e avanços tecnológicos: A indústria da engenharia civil está constantemente evoluindo, com novas tecnologias e abordagens surgindo regularmente.

É essencial estar atualizado sobre as tendências e avanços mais recentes, como técnicas de construção sustentável, inovações em materiais de construção, uso de BIM (Modelagem da Informação da Construção) e tecnologias digitais aplicadas à engenharia.

Isso permitirá que você tome decisões informadas e aproveite as oportunidades oferecidas pelos avanços tecnológicos.

Aprendizado com experiências passadas: Cada projeto e desafio enfrentado na engenharia civil traz consigo uma oportunidade de aprendizado.

Refletir sobre as experiências passadas, identificar os pontos positivos e negativos, e extrair lições valiosas para melhorar futuros projetos é uma prática essencial.

Isso envolve avaliar o desempenho do projeto, analisar os resultados obtidos e identificar áreas de melhoria.

Networking e colaboração: O aprendizado contínuo também pode ser impulsionado por meio do networking e da colaboração com outros profissionais da indústria.

Participar de grupos de discussão, associações profissionais e eventos do setor oferece a oportunidade de trocar conhecimentos, compartilhar experiências e aprender com os outros.

Além disso, buscar mentores ou mentorias pode proporcionar orientação valiosa e insights valiosos para aprimorar suas habilidades e conhecimentos.

Mentalidade de crescimento: Cultivar uma mentalidade de crescimento é fundamental para o aprendizado contínuo.

Isso envolve a crença de que habilidades e conhecimentos podem ser desenvolvidos por meio de esforço, prática e perseverança.

Ao adotar uma mentalidade de crescimento, você estará mais disposto a enfrentar desafios, buscar feedback, aceitar falhas como oportunidades de aprendizado e persistir diante de obstáculos.

Aproveitar recursos online: A era digital oferece uma ampla gama de recursos online que podem apoiar o aprendizado contínuo.

Existem plataformas de aprendizado online, como cursos e tutoriais em vídeo, que oferecem acesso a conteúdos relevantes e atualizados sobre engenharia civil.

Além disso, blogs, fóruns e comunidades online permitem que você se conecte com profissionais do setor e compartilhe conhecimentos e experiências.

Networking e Parcerias:

O networking e as parcerias estratégicas desempenham um papel crucial no sucesso dos empreendedores na indústria da engenharia civil.

Estabelecer uma rede de contatos sólida e buscar parcerias estratégicas pode abrir portas, gerar oportunidades de negócios e proporcionar vantagens competitivas.

Aqui estão alguns pontos importantes a serem considerados ao abordar o networking e as parcerias:

Estabelecendo uma rede de contatos: Construir uma rede de contatos sólida envolve se conectar e se relacionar com outros profissionais da indústria da engenharia civil.

Isso pode ser feito participando de eventos do setor, conferências, feiras comerciais e workshops, onde você pode conhecer outras pessoas interessadas na mesma área.

Além disso, é importante aproveitar as oportunidades de networking online, como grupos profissionais nas redes sociais e plataformas profissionais.

Troca de conhecimentos e experiências: O networking oferece a oportunidade de trocar conhecimentos e experiências com outros profissionais do setor.

Ao se envolver em conversas e discussões, você pode aprender com as perspectivas e experiências de outras pessoas, obter insights valiosos e até mesmo identificar soluções para desafios que você possa estar enfrentando.

Compartilhar conhecimentos e experiências também fortalece sua reputação profissional e pode levar a oportunidades de colaboração futura.

Suporte e mentoria: Ao estabelecer uma rede de contatos, você pode encontrar mentores ou profissionais experientes que podem fornecer orientação, conselhos e suporte em seu caminho empreendedor.

Esses relacionamentos podem ajudá-lo a navegar melhor pelos desafios do setor, fornecer insights valiosos e abrir portas para novas oportunidades.

Parcerias estratégicas: Buscar parcerias estratégicas com outras empresas ou profissionais complementares na indústria da engenharia civil pode ser altamente benéfico.

Essas parcerias podem ampliar sua capacidade de oferta de serviços, permitindo que você atenda a uma variedade mais ampla de necessidades dos clientes.

Além disso, as parcerias podem oferecer acesso a novos mercados, compartilhamento de recursos, conhecimentos especializados e até mesmo uma divisão de riscos e custos.

Identificando oportunidades de negócios: Através de uma rede de contatos sólida, você pode identificar oportunidades de negócios que de outra forma poderiam passar despercebidas.

Conexões com outros profissionais podem levar a indicações de clientes, subcontratação de serviços, participação em consórcios ou até mesmo a formação de joint ventures para enfrentar projetos maiores e mais complexos.

Manutenção de relacionamentos: O networking não se trata apenas de construir conexões, mas também de manter e nutrir relacionamentos ao longo do tempo.

Manter contato regular com seus contatos, compartilhar informações relevantes, participar de eventos do setor e ser um recurso útil para os outros ajuda a fortalecer seus relacionamentos profissionais e a construir uma reputação positiva.

Resolução de Problemas:

A resolução de problemas é uma habilidade fundamental para empreendedores na engenharia civil, uma vez que enfrentar desafios e encontrar soluções eficazes são elementos essenciais para o sucesso do empreendimento.

Aqui estão algumas considerações importantes ao desenvolver técnicas de resolução de problemas:

Identificação e compreensão do problema: O primeiro passo para resolver um problema é identificar e compreender claramente qual é o desafio em questão.

Isso requer uma análise cuidadosa da situação, coletando informações relevantes e definindo claramente os objetivos a serem alcançados.

Quanto mais precisamente você definir o problema, mais fácil será encontrar uma solução adequada.

Análise de riscos e impactos: Ao enfrentar um problema, é importante avaliar os riscos associados a cada solução em potencial.

Isso envolve analisar os prós e contras de cada abordagem e considerar os possíveis impactos a curto e longo prazo.

A análise de riscos ajuda a minimizar os efeitos adversos de uma decisão e a selecionar a opção mais adequada.

Pensamento criativo e inovador: A resolução de problemas requer pensamento criativo e inovador para encontrar soluções não convencionais.

Isso envolve explorar diferentes perspectivas, buscar novas abordagens e considerar alternativas fora da caixa.

A capacidade de pensar de forma criativa permite encontrar soluções originais e eficazes, mesmo diante de desafios complexos.

Tomada de decisões embasadas: Uma vez que você tenha identificado possíveis soluções, é importante tomar decisões embasadas para escolher a melhor opção.

Isso envolve avaliar as informações disponíveis, considerar os riscos e benefícios de cada alternativa e tomar uma decisão informada.

A tomada de decisões embasadas reduz a probabilidade de erros e aumenta a eficácia na resolução do problema.

Aprendizado com experiências anteriores: Ao enfrentar problemas, é útil aproveitar as experiências passadas como fonte de aprendizado.

Analisar soluções bem-sucedidas ou fracassadas em situações semelhantes pode fornecer insights valiosos e orientar a abordagem para resolver o problema atual.

O aprendizado com experiências anteriores ajuda a evitar erros repetidos e aprimorar a eficácia na resolução de problemas.

Colaboração e trabalho em equipe: Muitos problemas na engenharia civil exigem uma abordagem colaborativa.

Trabalhar em equipe, envolver pessoas com diferentes habilidades e conhecimentos, promover a troca de ideias e opiniões pode levar a soluções mais abrangentes e eficazes.

A colaboração permite explorar uma variedade de perspectivas e enriquecer a resolução de problemas.

Avaliação e ajustes contínuos: Após implementar uma solução, é importante avaliar sua eficácia e fazer ajustes conforme necessário.

Nem sempre a primeira solução encontrada será a ideal, e é fundamental monitorar os resultados, aprender com eles e fazer os ajustes adequados para alcançar o melhor resultado possível.

Ao desenvolver habilidades de resolução de problemas, os empreendedores na engenharia civil se tornam mais aptos a enfrentar os desafios que surgem durante a execução do projeto.

A capacidade de identificar problemas, analisar riscos, pensar de forma criativa, tomar decisões embasadas e colaborar com outros profissionais é essencial para encontrar soluções eficazes e alcançar o sucesso empresarial.

Orientações para o Desenvolvimento de Resiliência e Mentalidade Empreendedora

A resiliência e a mentalidade empreendedora são fundamentais para enfrentar os desafios com sucesso.

Aqui estão algumas orientações para o desenvolvimento dessas características:

Desenvolvimento da Resiliência:

Desenvolver a resiliência é fundamental para empreendedores na engenharia civil, já que o setor pode apresentar desafios e adversidades que exigem uma rápida recuperação e adaptação.

Aqui estão alguns aspectos importantes a serem considerados ao desenvolver a resiliência:

Gerenciamento do estresse: O estresse é uma parte inevitável da vida profissional, especialmente em um setor competitivo como a engenharia civil.

É essencial aprender a gerenciar o estresse de maneira saudável, identificando suas fontes e adotando estratégias eficazes de enfrentamento, como a prática regular de exercícios físicos, a meditação, a respiração consciente e a busca por hobbies e atividades relaxantes.

Manter uma mentalidade positiva: Uma mentalidade positiva ajuda a enfrentar os desafios com otimismo e confiança.

Isso envolve cultivar o pensamento positivo, focar nas soluções em vez de se concentrar nos problemas e adotar uma atitude de aprendizado diante das adversidades.

Ao encarar os desafios com uma perspectiva positiva, é possível encontrar oportunidades de crescimento e desenvolvimento.

Aprendizado com as experiências desafiadoras: Cada desafio enfrentado na engenharia civil pode ser encarado como uma oportunidade de aprendizado.

Ao enfrentar dificuldades, é importante refletir sobre as lições aprendidas e identificar os aspectos positivos dessas experiências.

O desenvolvimento da resiliência está intimamente ligado à capacidade de aprender com os obstáculos e usá-los como trampolins para o crescimento pessoal e profissional.

Buscar apoio emocional: Ter um sistema de apoio emocional sólido é essencial para o desenvolvimento da resiliência.

Isso envolve buscar o suporte de familiares, amigos, colegas de trabalho ou até mesmo de um profissional especializado.

Compartilhar preocupações, desafios e sucessos com pessoas de confiança pode ajudar a aliviar o estresse, ganhar novas perspectivas e obter conselhos valiosos.

Autocuidado: O autocuidado desempenha um papel crucial na construção da resiliência.

É importante dedicar tempo e energia para cuidar do corpo e da mente. Isso inclui a prática de hábitos saudáveis, como alimentação equilibrada, sono adequado, exercícios físicos regulares e momentos de relaxamento.

Priorizar o autocuidado fortalece a capacidade de enfrentar os desafios com mais energia e clareza mental.

Flexibilidade e adaptação: A resiliência está diretamente relacionada à capacidade de se adaptar às mudanças e lidar com situações imprevistas.

É essencial desenvolver a flexibilidade para ajustar planos e estratégias quando necessário, abraçando a mudança como uma oportunidade de crescimento.

Aqueles que conseguem se adaptar rapidamente às circunstâncias em constante evolução têm maior probabilidade de superar os desafios e prosperar em um ambiente empresarial dinâmico.

Ao desenvolver a resiliência, os empreendedores na engenharia civil estarão melhor preparados para lidar com as pressões e adversidades que podem surgir em seu caminho.

A resiliência não apenas ajuda a superar obstáculos, mas também fortalece a confiança, a motivação e a capacidade de inovar, resultando em um empreendimento mais sólido e sustentável.

Mentalidade Empreendedora:

A mentalidade empreendedora é uma abordagem de pensamento e atitude que impulsiona os empreendedores a buscar oportunidades, inovar e assumir riscos calculados em seus empreendimentos.

Desenvolver uma mentalidade empreendedora é fundamental para enfrentar os desafios e aproveitar as oportunidades no ambiente dinâmico dos negócios.

Aqui estão alguns aspectos importantes para aprofundar o entendimento da mentalidade empreendedora:

Disposição para assumir riscos calculados: Os empreendedores estão dispostos a correr riscos calculados em busca de oportunidades e crescimento.

Eles reconhecem que o risco faz parte do processo de empreender e estão preparados para lidar com os resultados, sejam eles positivos ou negativos.

A mentalidade empreendedora envolve avaliar cuidadosamente os riscos envolvidos em uma decisão, considerar alternativas e tomar ações deliberadas.

Persistência e resiliência: A mentalidade empreendedora requer persistência diante de desafios e obstáculos.

Os empreendedores estão preparados para enfrentar contratempos e fracassos temporários, aprendendo com eles e adaptando-se para seguir em frente.

Eles entendem que a jornada empreendedora é repleta de altos e baixos, e a resiliência é essencial para superar as dificuldades e alcançar o sucesso.

Busca por oportunidades: Os empreendedores têm uma mentalidade voltada para a identificação e exploração de oportunidades de negócios.

Eles estão constantemente atentos ao mercado, às necessidades dos clientes e às tendências emergentes.

A mentalidade empreendedora envolve estar aberto a novas ideias, perspectivas e abordagens, buscando constantemente maneiras de inovar e melhorar.

Criatividade e pensamento inovador: A mentalidade empreendedora valoriza a criatividade e o pensamento inovador.

Os empreendedores são capazes de enxergar além do convencional, pensando de forma original e encontrando soluções criativas para os desafios.

Eles estão dispostos a questionar o status quo, experimentar novas ideias e abordagens, e estão abertos a aprender com as experiências e insights que surgem ao longo do caminho.

Curiosidade e aprendizado contínuo: Os empreendedores possuem uma mentalidade curiosa, sempre buscando aprender e se atualizar.

Eles estão abertos a novos conhecimentos, experiências e perspectivas, e estão dispostos a investir em seu desenvolvimento pessoal e profissional.

A mentalidade empreendedora envolve a disposição de aprender com os erros e os sucessos, buscando constantemente expandir seu conjunto de habilidades e conhecimentos.

Desenvolver uma mentalidade empreendedora requer prática e experiência. É um processo contínuo de aprendizado, crescimento e adaptação.

Ao cultivar uma mentalidade empreendedora, os empreendedores da engenharia civil podem se posicionar de forma mais competitiva, enfrentar os desafios com confiança e criar valor significativo em seus negócios.

Gerenciamento do Equilíbrio entre Trabalho e Vida Pessoal:

O gerenciamento do equilíbrio entre trabalho e vida pessoal é um desafio comum enfrentado por empreendedores na engenharia civil.

É essencial reconhecer a importância de dedicar tempo e energia não apenas ao trabalho, mas também à vida pessoal, para garantir o bem-estar físico, mental e emocional.

Aqui estão alguns aspectos importantes a serem considerados ao buscar esse equilíbrio saudável:

Estabelecer limites: É fundamental estabelecer limites claros entre o trabalho e a vida pessoal.

Definir horários de trabalho regulares e respeitar
esses limites ajuda a evitar a sobrecarga e o
esgotamento.

Delimite o tempo dedicado às atividades
profissionais e reserve momentos para cuidar de si
mesmo, estar com a família e participar de atividades
que tragam prazer e relaxamento.

Priorizar o tempo para o descanso e o lazer: O
descanso adequado e a participação em atividades de
lazer são essenciais para recarregar as energias e
manter um estado de equilíbrio.

Faça pausas regulares durante o dia de trabalho, tire
folgas e férias quando necessário, e reserve tempo
para se envolver em hobbies, exercícios físicos,
leitura ou qualquer atividade que proporcione prazer
e relaxamento.

Priorizar o tempo para o descanso e o lazer contribui
para a redução do estresse e para a melhoria da
qualidade de vida.

Manter um suporte social adequado: Ter um
sistema de suporte social sólido é fundamental para
enfrentar os desafios de forma sustentável.

Busque o apoio de familiares, amigos e colegas de trabalho em momentos difíceis.

Compartilhar preocupações, desafios e sucessos com pessoas de confiança pode proporcionar uma perspectiva diferente, apoio emocional e até mesmo soluções para os problemas enfrentados.

Além disso, envolva-se em comunidades profissionais, grupos de networking ou associações relacionadas à engenharia civil, onde é possível trocar experiências e obter suporte de outros profissionais que enfrentam desafios semelhantes.

Praticar o autocuidado: Cuidar de si mesmo é fundamental para manter o equilíbrio entre trabalho e vida pessoal.

Isso envolve priorizar a saúde física e mental, adotando hábitos saudáveis, como uma alimentação equilibrada, atividades físicas regulares e sono adequado.

Além disso, reservar um tempo para atividades que promovam o relaxamento, como meditação, ioga, massagem ou qualquer outra prática que ajude a aliviar o estresse e melhorar o bem-estar.

Ser flexível e adaptável: A busca pelo equilíbrio entre trabalho e vida pessoal requer flexibilidade e adaptação.

Nem sempre será possível encontrar um equilíbrio perfeito, pois diferentes circunstâncias exigirão mais ou menos tempo e esforço.

É importante ser flexível e ajustar as prioridades de acordo com as demandas do momento. Isso pode envolver delegar tarefas, estabelecer prioridades claras e aprender a dizer "não" quando necessário.

Ao buscar um equilíbrio saudável entre trabalho e vida pessoal, os empreendedores da engenharia civil podem não apenas enfrentar os desafios com mais eficácia, mas também desfrutar de uma qualidade de vida melhor e promover um ambiente de trabalho mais saudável e produtivo.

O cuidado com o bem-estar pessoal e a busca por um equilíbrio adequado são investimentos valiosos para o sucesso empreendedor a longo prazo.

Considerações Legais e Regulatórias

Aspectos Legais e Regulatórios Relacionados aos Negócios na Engenharia Civil

A atuação empreendedora na engenharia civil está sujeita a uma série de aspectos legais e regulatórios que devem ser considerados para o funcionamento adequado do negócio.

Alguns dos principais aspectos incluem:

Forma Jurídica do Negócio:

A escolha da forma jurídica adequada para o negócio é um passo crucial no processo de empreender na engenharia civil.

A forma jurídica determina a estrutura legal e a responsabilidade dos sócios ou acionistas, bem como as obrigações tributárias e os aspectos legais relacionados ao empreendimento.

Aqui estão alguns pontos para desenvolver e aprofundar o entendimento sobre a forma jurídica do negócio:

Empresa Individual: A empresa individual é uma forma jurídica em que o empreendimento é conduzido por uma única pessoa, o empresário individual.

Nesse caso, não há separação jurídica entre o patrimônio pessoal do empresário e o patrimônio da empresa.

O empresário individual é o único responsável por todas as obrigações e dívidas do negócio.

Essa forma jurídica é mais simples e menos burocrática, mas pode trazer riscos pessoais significativos para o empresário.

Sociedade Limitada: A sociedade limitada é uma forma jurídica em que o negócio é conduzido por duas ou mais pessoas, os sócios.

Nesse caso, a responsabilidade dos sócios é limitada ao valor de suas quotas ou ações na empresa. Isso significa que o patrimônio pessoal dos sócios não está diretamente em risco em caso de dívidas ou obrigações da empresa.

A sociedade limitada exige a elaboração de um contrato social, que estabelece as regras de funcionamento e a participação dos sócios nos lucros e nas decisões do negócio.

Sociedade Anônima: A sociedade anônima é uma forma jurídica mais complexa e utilizada principalmente por empresas de grande porte.

Nesse caso, o capital da empresa é dividido em ações, que são negociadas no mercado de valores mobiliários.

Os acionistas são os proprietários da empresa e sua responsabilidade é limitada ao valor das ações que possuem.

A sociedade anônima exige a elaboração de um estatuto social, que estabelece as regras de funcionamento da empresa, a participação acionária e os direitos e deveres dos acionistas.

Ao escolher a forma jurídica do negócio, é importante considerar vários fatores, como o número de sócios, a responsabilidade desejada, a necessidade de captação de recursos, as obrigações tributárias e as exigências legais específicas do setor da engenharia civil.

É recomendado contar com o auxílio de um profissional jurídico especializado para avaliar as opções disponíveis e orientar na escolha da forma jurídica mais adequada às necessidades do empreendimento.

Além disso, é importante destacar que as formas jurídicas podem variar em diferentes países e estão sujeitas à legislação local.

Portanto, é fundamental estar atualizado sobre as leis e regulamentações aplicáveis ao empreendimento na respectiva jurisdição.

Registro e Licenciamento:

O registro e licenciamento são etapas essenciais para garantir a legalidade e regularidade das atividades no setor da engenharia civil.

Esses processos envolvem a obtenção de diversos documentos, autorizações e certificações necessárias para operar de acordo com as normas e regulamentos estabelecidos.

Aqui estão alguns pontos para desenvolver e aprofundar o entendimento sobre registro e licenciamento:

Registro na Junta Comercial: O registro na Junta Comercial é um dos primeiros passos para formalizar o negócio.

Esse registro é obrigatório e tem o objetivo de legalizar a empresa perante os órgãos governamentais.

Durante o registro, são fornecidas informações sobre a natureza da empresa, sua forma jurídica, atividades desenvolvidas, entre outros dados relevantes.

Alvarás de Funcionamento: O alvará de funcionamento é uma autorização concedida pela prefeitura local para que a empresa possa exercer suas atividades em determinado local.

Para obtê-lo, é necessário cumprir uma série de requisitos, como a conformidade com as normas de segurança, sanitárias e ambientais.

Essa autorização é renovável periodicamente e pode variar de acordo com a localidade.

Licenças Ambientais: A engenharia civil está sujeita a diversas regulamentações ambientais, e a obtenção de licenças ambientais é fundamental para a execução de projetos.

Essas licenças são emitidas pelos órgãos ambientais competentes e visam garantir que as atividades sejam realizadas de forma sustentável e em conformidade com as leis ambientais.

Dependendo do porte e impacto do empreendimento, podem ser necessárias licenças prévias, de instalação e de operação.

Autorizações Específicas: Além dos registros e licenças mencionados acima, podem ser exigidas outras autorizações específicas de acordo com a natureza das atividades desenvolvidas.

Isso pode incluir licenças para a utilização de recursos hídricos, autorizações para o transporte de materiais perigosos, certificações de qualidade, entre outras.

É importante ressaltar que os requisitos de registro e licenciamento podem variar de acordo com a legislação de cada país, estado ou município.

Por isso, é fundamental realizar uma consulta junto aos órgãos competentes e contar com o apoio de profissionais especializados, como advogados e consultores, para garantir o cumprimento de todas as obrigações legais.

Cumprir com os registros e licenciamentos necessários é uma forma de demonstrar o compromisso com a conformidade legal, a segurança, a qualidade e a responsabilidade ambiental.

Além disso, estar devidamente registrado e licenciado proporciona maior tranquilidade para realizar as atividades comerciais e evita problemas legais que possam comprometer o negócio no futuro.

Contratos e Acordos:

Contratos e acordos desempenham um papel fundamental no setor da engenharia civil, estabelecendo as bases legais e comerciais das relações entre as partes envolvidas em um projeto ou parceria.

Esses documentos são essenciais para definir direitos, obrigações, responsabilidades e proteções legais, garantindo a segurança e a transparência nas relações comerciais.

Aqui estão alguns pontos para desenvolver e aprofundar o entendimento sobre contratos e acordos na engenharia civil:

Contratos de Prestação de Serviços: Os contratos de prestação de serviços são amplamente utilizados na engenharia civil para formalizar o relacionamento entre o prestador de serviços (empresa de engenharia) e o cliente (contratante).

Esses contratos devem abranger detalhes como escopo do trabalho, prazos, forma de pagamento, responsabilidades das partes, direitos autorais, propriedade intelectual, entre outros aspectos relevantes.

É importante que os contratos sejam claros, específicos e estejam em conformidade com a legislação local.

Contratos de Parceria e Colaboração: Em muitos casos, os empreendimentos na engenharia civil envolvem parcerias e colaborações com outras empresas ou profissionais.

Os contratos de parceria e colaboração estabelecem as bases para a cooperação entre as partes, definindo os objetivos, as contribuições, as responsabilidades, a divisão de lucros e custos, e outros termos relacionados à parceria.

Esses contratos são essenciais para garantir a harmonia e a efetividade da colaboração.

Acordos de Confidencialidade: Na engenharia civil, é comum que informações sensíveis e estratégicas sejam compartilhadas entre as partes envolvidas em um projeto.

Os acordos de confidencialidade, também conhecidos como NDA (Non-Disclosure Agreement), são utilizados para proteger essas informações e garantir que elas não sejam divulgadas a terceiros não autorizados.

Esses acordos estabelecem obrigações de confidencialidade, assegurando que as informações confidenciais sejam tratadas com sigilo.

Aspectos Legais e Técnicos: Os contratos e acordos na engenharia civil devem levar em consideração não apenas os aspectos legais, mas também os aspectos técnicos relacionados ao projeto.

É importante que os contratos sejam elaborados com base em conhecimentos específicos do setor, levando em consideração os regulamentos, normas técnicas e boas práticas aplicáveis. Isso inclui a definição de especificações técnicas, critérios de qualidade, padrões de desempenho e outras questões técnicas relevantes.

Assessoria Jurídica: Devido à complexidade dos contratos e acordos na engenharia civil, é altamente recomendável contar com o suporte de um profissional jurídico especializado.

Um advogado com experiência no setor pode auxiliar na elaboração, revisão e negociação dos contratos, garantindo que todas as cláusulas e condições estejam em conformidade com a legislação aplicável e que os interesses das partes sejam adequadamente protegidos.

Garantir a correta elaboração e implementação de contratos e acordos é fundamental para minimizar riscos, evitar litígios e estabelecer uma relação transparente e equilibrada entre as partes envolvidas.

Além disso, a elaboração cuidadosa dos contratos contribui para a construção de uma reputação sólida e confiável no mercado da engenharia civil, possibilitando a conquista de novos clientes e parcerias de sucesso.

Proteção de Propriedade Intelectual:

A proteção da propriedade intelectual desempenha um papel fundamental na engenharia civil, especialmente quando se trata de inovações, projetos e outros produtos intelectuais desenvolvidos pela empresa.

Aqui estão alguns pontos para desenvolver e aprofundar o entendimento sobre a proteção de propriedade intelectual:

Patentes: As patentes são uma forma de proteção legal para invenções e processos inovadores.

Elas conferem ao titular o direito exclusivo de explorar comercialmente a invenção por um período determinado de tempo.

No contexto da engenharia civil, as patentes podem ser aplicadas a novas tecnologias, métodos construtivos, materiais inovadores, dispositivos ou sistemas desenvolvidos pela empresa.

A obtenção de uma patente oferece proteção contra a reprodução, distribuição e comercialização não autorizadas da invenção.

Marcas Registradas: As marcas registradas são utilizadas para proteger a identidade de produtos ou serviços oferecidos pela empresa.

Elas podem incluir nomes, logotipos, slogans, entre outros elementos distintivos que identificam a empresa e seus produtos no mercado.

Ao registrar uma marca, a empresa garante o direito exclusivo de utilizá-la e impede que terceiros utilizem marcas semelhantes ou que possam causar confusão no mercado.

As marcas registradas também agregam valor à empresa, contribuindo para a construção de uma reputação e fidelidade dos clientes.

Direitos Autorais: Os direitos autorais são aplicáveis a obras artísticas, literárias, científicas e técnicas. Na engenharia civil, isso pode incluir projetos arquitetônicos, desenhos técnicos, manuais, relatórios, software, entre outros materiais criativos produzidos pela empresa.

Ao garantir os direitos autorais sobre essas obras, a empresa obtém proteção contra a reprodução não autorizada, distribuição ou adaptação dos materiais por terceiros.

Acordos de Confidencialidade: Além das proteções legais mencionadas acima, os acordos de confidencialidade (também conhecidos como NDA – Non-Disclosure Agreements) são uma ferramenta importante para proteger informações sensíveis e estratégicas.

Esses acordos são usados para estabelecer obrigações de confidencialidade entre as partes envolvidas, garantindo que as informações confidenciais não sejam divulgadas a terceiros não autorizados.

É importante ressaltar que a proteção da propriedade intelectual requer o envolvimento de profissionais especializados na área jurídica.

Um advogado especializado em propriedade intelectual poderá auxiliar na identificação das melhores estratégias de proteção, realizar pesquisas de patentes e marcas registradas existentes, preparar e registrar as solicitações de patentes e marcas, além de fornecer orientações sobre como proteger efetivamente os direitos de propriedade intelectual da empresa.

Licenciamento, Certificações e Conformidade com Normas e Regulamentos

A engenharia civil está sujeita a normas e regulamentos específicos para garantir a qualidade, a segurança e a conformidade das atividades desenvolvidas.

Alguns pontos importantes a serem considerados incluem:

Licenciamento Profissional:

O licenciamento profissional é um requisito fundamental para os profissionais de engenharia civil exercerem a profissão de forma legal e ética.

Aqui estão alguns pontos para desenvolver e aprofundar o entendimento sobre o licenciamento profissional:

Conselhos Profissionais: No Brasil, os profissionais de engenharia civil estão sujeitos à regulamentação e fiscalização dos conselhos regionais de engenharia e arquitetura (CREA) e, em alguns casos, dos conselhos de arquitetura e urbanismo (CAU).

Esses conselhos são responsáveis por garantir o cumprimento das normas e ética profissional, bem como promover o desenvolvimento e a valorização da profissão.

Registro Profissional: Para exercer a profissão de engenharia civil, é necessário obter o registro junto ao CREA ou CAU, dependendo da área de atuação.

O registro é concedido após a comprovação da formação acadêmica adequada, cumprimento de estágio supervisionado e aprovação em exames de proficiência.

O registro é obrigatório e demonstra que o profissional está habilitado e qualificado para atuar na área.

Ética Profissional: Além do licenciamento, os conselhos profissionais estabelecem códigos de ética e conduta que devem ser seguidos pelos profissionais.

Esses códigos visam garantir a integridade, responsabilidade e excelência no exercício da profissão.

O não cumprimento dessas normas pode resultar em sanções disciplinares, como advertências, suspensões temporárias ou até mesmo a perda do registro profissional.

Atualização Profissional: Os profissionais licenciados devem buscar constantemente atualização e aprimoramento de suas competências.

Os conselhos profissionais geralmente exigem a comprovação de cursos de educação continuada para a renovação do registro.

Isso reflete a importância de se manter atualizado com as novas técnicas, normas e avanços tecnológicos na área da engenharia civil.

Responsabilidade Técnica: Os profissionais licenciados também assumem a responsabilidade técnica pelos serviços que prestam.

Isso significa que eles são legalmente responsáveis pelos resultados de seu trabalho, devendo atuar de acordo com os princípios éticos, normas técnicas e legislação aplicável.

A responsabilidade técnica é essencial para garantir a segurança e qualidade das obras e serviços realizados pelos profissionais de engenharia civil.

É importante ressaltar que o licenciamento profissional varia de acordo com a legislação de cada país e região.

Portanto, é fundamental que os profissionais de engenharia civil estejam familiarizados com as leis e regulamentações específicas do local onde desejam exercer a profissão.

Além disso, é recomendado manter contato regular com os conselhos profissionais e participar de eventos e atividades promovidas por essas instituições para se manter informado sobre as últimas atualizações e exigências relacionadas ao licenciamento profissional.

Certificações e Qualificações:

As certificações e qualificações na engenharia civil desempenham um papel importante na demonstração da competência técnica, conformidade com padrões e garantia de qualidade.

Aqui estão alguns pontos para desenvolver e aprofundar o entendimento sobre esse tema:

Certificações Profissionais: Existem várias certificações profissionais disponíveis na área da engenharia civil, oferecidas por organizações e instituições reconhecidas.

Essas certificações são baseadas em critérios específicos, como experiência profissional, conhecimento técnico e aprovação em exames.

Elas podem abranger diferentes áreas da engenharia civil, como gerenciamento de projetos, sustentabilidade, segurança estrutural, entre outras.

Obter uma certificação profissional pode ajudar a evidenciar a expertise e a qualificação do profissional, proporcionando um diferencial competitivo no mercado de trabalho.

Certificações de Qualidade: Além das certificações profissionais, as empresas de engenharia civil podem buscar certificações de qualidade para demonstrar que operam de acordo com padrões e normas reconhecidas internacionalmente.

Um exemplo comum é a certificação ISO 9001, que estabelece diretrizes para sistemas de gestão da qualidade.

Essa certificação evidencia que a empresa adota processos e práticas consistentes, visando à satisfação do cliente e à melhoria contínua.

Outras certificações relevantes incluem ISO 14001 (gestão ambiental), OHSAS 18001 (saúde e segurança ocupacional) e LEED (construções sustentáveis).

Licitações e Contratações Públicas: No caso de empresas que desejam participar de licitações ou contratações públicas, certas certificações ou qualificações podem ser exigidas como requisito.

Os órgãos governamentais muitas vezes estabelecem critérios específicos que as empresas devem atender para poderem competir por esses contratos.

Essas certificações podem incluir a qualificação técnica, experiência comprovada em projetos similares, capacidade financeira, entre outros requisitos.

Benefícios das Certificações: Obter certificações e qualificações na engenharia civil traz diversos benefícios para os profissionais e empresas.

Essas certificações podem aumentar a credibilidade junto aos clientes, parceiros e stakeholders, fornecendo confiança de que a empresa possui competência técnica e adere a padrões de qualidade.

Além disso, as certificações podem abrir portas para novas oportunidades de negócio, especialmente em setores específicos que exigem conformidade com requisitos técnicos ou normas regulatórias.

Manutenção e Atualização: É importante ressaltar que muitas certificações requerem a manutenção regular e atualização para garantir a validade e o cumprimento dos requisitos.

Isso pode envolver a participação em atividades de educação continuada, renovação periódica das certificações e demonstração de melhoria contínua.

Manter-se atualizado com as mudanças e tendências na área da engenharia civil é essencial para garantir a relevância e o valor das certificações obtidas.

É fundamental realizar uma pesquisa cuidadosa para identificar as certificações e qualificações relevantes para a área específica de atuação na engenharia civil.

Cada certificação pode ter requisitos específicos e critérios de avaliação distintos.

Portanto, é recomendado avaliar cuidadosamente os benefícios, custos e exigências envolvidos antes de buscar qualquer certificação ou qualificação na área da engenharia civil.

Conformidade com Normas Técnicas e Regulamentos:

A conformidade com normas técnicas e regulamentos é um aspecto fundamental na engenharia civil, pois visa garantir a segurança, a qualidade e a conformidade dos projetos e obras.

Aqui estão alguns pontos para desenvolver e aprofundar esse tema:

Normas Técnicas: As normas técnicas são documentos que estabelecem diretrizes, especificações e requisitos para a execução de atividades na engenharia civil.

Elas são desenvolvidas por organizações nacionais e internacionais, como ABNT (Associação Brasileira de

Normas Técnicas) e ISO (International Organization for Standardization).

Essas normas abrangem diferentes áreas, como construção civil, estruturas, instalações elétricas, hidráulicas, entre outras.

Seguir as normas técnicas apropriadas é essencial para garantir a qualidade dos projetos e a segurança das estruturas.

Regulamentos e Códigos de Construção: Além das normas técnicas, existem regulamentos e códigos de construção que estabelecem os requisitos legais e técnicos a serem seguidos em uma determinada jurisdição.

Esses regulamentos podem ser estabelecidos por órgãos governamentais, como prefeituras e agências de controle, e geralmente visam à segurança pública, à proteção ambiental e à acessibilidade.

Os regulamentos podem abordar aspectos como dimensionamento estrutural, sistemas de combate a incêndio, eficiência energética, controle de ruído, entre outros.

É fundamental estar familiarizado com os regulamentos locais e garantir a conformidade em todas as etapas do projeto.

Atualização e Conhecimento das Normas: A área da engenharia civil está em constante evolução, com novas técnicas, materiais e abordagens sendo desenvolvidos regularmente.

Portanto, é crucial manter-se atualizado sobre as normas técnicas e regulamentos mais recentes.

Isso pode exigir a participação em cursos, treinamentos e eventos profissionais, bem como o acesso a recursos atualizados, como publicações especializadas e portais de informações técnicas.

Acompanhar as mudanças nas normas e regulamentos é fundamental para garantir a conformidade e a excelência nos projetos.

Importância da Conformidade: A conformidade com as normas técnicas e regulamentos é essencial por vários motivos.

Em primeiro lugar, a conformidade garante a segurança das estruturas e a proteção da vida humana, minimizando riscos e evitando acidentes.

Além disso, a conformidade com as normas técnicas e regulamentos contribui para a qualidade dos projetos, a eficiência operacional, a durabilidade das construções e a sustentabilidade ambiental.

Também é importante destacar que a não conformidade pode resultar em problemas legais, multas, interrupção de projetos e perda de reputação.

Papel dos Profissionais e Empresas: Profissionais e empresas de engenharia civil têm a responsabilidade de garantir a conformidade com as normas técnicas e regulamentos aplicáveis.

Isso envolve a incorporação dessas normas em todos os estágios do projeto, desde a concepção e o planejamento até a construção e a entrega.

Também é necessário manter registros adequados para documentar a conformidade, como relatórios de testes, certificados de qualidade e registros de inspeção.

Além disso, é importante promover uma cultura de conformidade dentro da organização, garantindo que todos os membros da equipe estejam cientes das normas e regulamentos relevantes e trabalhem de acordo com eles.

Em resumo, a conformidade com as normas técnicas e regulamentos é essencial para garantir a qualidade, a segurança e a sustentabilidade dos projetos de engenharia civil.

É importante estar atualizado, conhecer as normas aplicáveis, garantir a conformidade em todas as etapas do projeto e manter registros adequados.

A busca pela conformidade contribui para a excelência profissional, a satisfação dos clientes e a reputação positiva no mercado.

É importante ressaltar que as informações legais e regulatórias podem variar de acordo com o país e a legislação local.

Recomenda-se que empreendedores consultem profissionais especializados em direito e regulamentação na área da engenharia civil para garantir o cumprimento adequado das exigências legais e regulatórias aplicáveis ao seu negócio.

O Futuro do Empreendedorismo na Engenharia Civil

Tendências Emergentes e Oportunidades Futuras

O empreendedorismo na engenharia civil está constantemente evoluindo e se adaptando às mudanças do mercado e da sociedade.

É importante acompanhar as tendências emergentes e identificar as oportunidades futuras que podem impulsionar o setor.

Algumas tendências e oportunidades que podem ser exploradas pelos futuros empreendedores incluem:

Sustentabilidade e Construção Verde:

A sustentabilidade e a construção verde estão se tornando cada vez mais importantes no setor da engenharia civil, impulsionadas pela crescente conscientização sobre as questões ambientais e a necessidade de reduzir o impacto das construções no meio ambiente.

Desenvolver soluções sustentáveis e adotar práticas de construção verde não só beneficia o meio ambiente, mas também oferece vantagens econômicas e sociais.

Aqui estão alguns pontos para desenvolver e aprofundar esse tema:

Ecoeficiência: A ecoeficiência é um princípio fundamental da sustentabilidade na construção.

Envolve a busca pela maximização do desempenho ambiental de um projeto, ao mesmo tempo em que se busca a minimização do consumo de recursos naturais e a redução dos impactos negativos.

Isso pode ser alcançado através do uso eficiente de energia, água e materiais, bem como da otimização do projeto em termos de aproveitamento de recursos naturais e redução de resíduos.

Materiais Sustentáveis: A escolha de materiais sustentáveis desempenha um papel crucial na construção verde.

Isso envolve a preferência por materiais de baixo impacto ambiental, como aqueles produzidos a partir de recursos renováveis, materiais reciclados ou de origem local.

Além disso, é importante considerar a durabilidade e a eficiência energética dos materiais, bem como sua capacidade de reciclagem ou reutilização no final da vida útil da construção.

Energia Renovável: A adoção de sistemas de energia renovável é outra forma importante de promover a sustentabilidade na construção.

Isso inclui a incorporação de tecnologias como painéis solares fotovoltaicos, sistemas de aquecimento solar, turbinas eólicas ou sistemas de cogeração.

A energia renovável reduz a dependência de fontes de energia não renováveis, como combustíveis fósseis, e ajuda a mitigar as emissões de gases de efeito estufa associadas à geração de energia.

Práticas de Construção Verde: Além de materiais e energia sustentáveis, as práticas de construção verde incluem o uso de técnicas que minimizam o impacto ambiental durante a construção e a operação dos edifícios.

Isso pode envolver a redução do desperdício de materiais, a gestão eficiente da água, a criação de ambientes internos saudáveis e a consideração do ciclo de vida dos edifícios.

Práticas como o design passivo, que maximiza o aproveitamento da luz natural e a ventilação natural, e a construção com baixo consumo de água são exemplos de abordagens sustentáveis.

Benefícios Econômicos e Sociais: A adoção de práticas de construção sustentável e verde pode trazer diversos benefícios econômicos e sociais.

Além de reduzir os custos operacionais a longo prazo, como consumo de energia e água, a construção verde também pode aumentar o valor do imóvel, atrair clientes e inquilinos conscientes, e melhorar a imagem da empresa.

Além disso, projetos sustentáveis podem criar empregos locais, promover a inclusão social e melhorar a qualidade de vida nas comunidades.

Certificações e Selos Verdes: Existem várias certificações e selos verdes disponíveis, como LEED (Leadership in Energy and Environmental Design) e BREEAM (Building Research Establishment Environmental Assessment Method), que estabelecem critérios e padrões para a construção sustentável.

Buscar a certificação pode ser uma maneira de demonstrar o compromisso com a sustentabilidade e diferenciar-se no mercado.

Digitalização e Construção 4.0:

A digitalização e a construção 4.0 estão revolucionando a indústria da construção, proporcionando oportunidades significativas para os empreendedores.

Essa transformação envolve o uso de tecnologias avançadas para otimizar processos, aumentar a eficiência, melhorar a colaboração e impulsionar a inovação.

Aqui estão alguns pontos para desenvolver e aprofundar esse tema:

Building Information Modeling (BIM): O BIM é uma metodologia que permite a criação e o gerenciamento de modelos virtuais detalhados de um projeto, abrangendo informações sobre geometria, materiais, sistemas e processos construtivos.

Essa tecnologia traz benefícios significativos, como a melhoria na visualização e comunicação do projeto, a detecção precoce de conflitos e erros, a análise de desempenho e a coordenação eficiente entre as equipes envolvidas.

Realidade Virtual (RV) e Realidade Aumentada (RA): A RV e a RA estão sendo amplamente adotadas na indústria da construção.

Elas permitem a criação de ambientes virtuais ou sobreposição de informações digitais no ambiente real, permitindo a visualização imersiva de projetos, a simulação de cenários de construção e a identificação de possíveis problemas antes da execução física.

Essas tecnologias melhoram a tomada de decisões, a colaboração e a eficiência na execução de projetos.

Inteligência Artificial (IA): A IA desempenha um papel fundamental na construção 4.0, oferecendo recursos como análise de dados, aprendizado de máquina e automação de tarefas.

Através da IA, é possível analisar grandes volumes de dados para obter insights valiosos, automatizar processos repetitivos e prever resultados.

Além disso, a IA pode ser aplicada em áreas como gestão de projetos, controle de qualidade, manutenção preditiva e segurança no canteiro de obras.

Automação e Robótica: A automação e a robótica estão transformando a forma como os processos de construção são realizados.

Máquinas e robôs especializados podem executar tarefas complexas de forma mais rápida, precisa e segura.

Isso inclui desde a fabricação de componentes modulares em fábricas até a utilização de drones para inspeção de obras e a utilização de impressoras 3D para a construção de estruturas.

Colaboração e Comunicação: A digitalização também promove uma melhor colaboração e comunicação entre os diversos stakeholders envolvidos em um projeto de construção.

Plataformas de compartilhamento de informações, nuvem e sistemas de gerenciamento de projetos permitem a troca de informações em tempo real, facilitando a coordenação entre as equipes, a tomada de decisões mais informadas e a redução de erros e retrabalhos.

Oportunidades de Inovação: A digitalização e a construção 4.0 oferecem um campo fértil para a inovação e o desenvolvimento de novas soluções.

Os empreendedores podem explorar oportunidades nesse campo, criando startups e empresas que desenvolvam tecnologias, aplicativos e serviços voltados para a indústria da construção.

Essas inovações podem abranger desde a melhoria de processos existentes até o desenvolvimento de novos modelos de negócios baseados em tecnologia.

Infraestrutura Inteligente:

A infraestrutura inteligente é uma área em ascensão na engenharia civil, impulsionada pelo crescimento das cidades e a necessidade de soluções mais eficientes, sustentáveis e resilientes.

Empreendedores estão aproveitando essa tendência para oferecer soluções inovadoras que incorporam tecnologias avançadas, como sensores, Internet das Coisas (IoT) e análise de dados, para melhorar a gestão e o funcionamento das infraestruturas existentes.

Aqui estão alguns pontos para desenvolver e aprofundar esse tema:

Sensores e Monitoramento: A instalação de sensores em infraestruturas permite a coleta de dados em tempo real sobre o desempenho estrutural, a condição dos materiais, a qualidade do ar, o tráfego e outros parâmetros relevantes.

Esses dados podem ser utilizados para monitorar o estado das infraestruturas, identificar problemas precocemente e programar ações de manutenção preditiva.

Além disso, os sensores podem auxiliar na detecção de falhas, contribuindo para a segurança e a eficiência dos sistemas.

IoT e Conectividade: A Internet das Coisas desempenha um papel fundamental na infraestrutura inteligente, permitindo a interconexão de dispositivos e sistemas.

Isso possibilita a coleta e o compartilhamento de dados em tempo real entre diferentes componentes da infraestrutura, facilitando a tomada de decisões baseadas em informações precisas.

A IoT também possibilita a implementação de soluções inteligentes, como semáforos sincronizados, iluminação pública controlada remotamente e gerenciamento inteligente de energia.

Análise de Dados e Big Data: A análise de dados desempenha um papel crucial na infraestrutura inteligente.

Por meio de técnicas avançadas de análise, como aprendizado de máquina e algoritmos preditivos, é possível extrair insights valiosos dos dados coletados.

Isso permite identificar padrões, prever falhas e otimizar o desempenho da infraestrutura.

A análise de dados em larga escala, conhecida como Big Data, possibilita o uso de informações em grande volume e variedade para aprimorar a gestão e a operação das infraestruturas.

Cidades Inteligentes: A infraestrutura inteligente está intimamente ligada ao conceito de cidades inteligentes.

Uma cidade inteligente busca a integração de tecnologias e sistemas para melhorar a qualidade de vida dos cidadãos, promover a sustentabilidade e a eficiência dos recursos, e facilitar a tomada de decisões baseadas em dados.

Empreendedores podem oferecer soluções inovadoras para tornar as cidades mais inteligentes, abrangendo aspectos como transporte inteligente, monitoramento ambiental, gerenciamento de resíduos, eficiência energética e segurança pública.

Benefícios da Infraestrutura Inteligente: A infraestrutura inteligente traz uma série de benefícios para as cidades e a sociedade como um todo.

Além de melhorar a eficiência operacional das infraestruturas, ela contribui para a redução de custos de manutenção, a diminuição do tempo de resposta a problemas e a otimização do uso de recursos.

A infraestrutura inteligente também pode melhorar a segurança dos usuários, proporcionar uma maior resiliência a eventos extremos e reduzir o impacto ambiental das atividades urbanas.

Inovação e Tecnologia Disruptiva na Indústria

A inovação e a tecnologia disruptiva têm o potencial de transformar radicalmente a indústria da engenharia civil e abrir novas oportunidades de negócios.

Alguns exemplos de inovações e tecnologias disruptivas na indústria incluem:

Impressão 3D de Construções:

A impressão 3D de construções é uma tecnologia revolucionária que está transformando a indústria da construção.

Ela permite a criação de estruturas complexas de forma rápida, econômica e sustentável, abrindo novas possibilidades para empreendedores no setor da engenharia civil.

Aqui estão alguns pontos para desenvolver e aprofundar esse tema:

Processo de Impressão 3D: A impressão 3D de construções envolve o uso de máquinas especializadas que depositam camadas sucessivas de materiais de construção para criar as estruturas desejadas.

Esses materiais podem variar desde concreto reforçado até compósitos avançados, dependendo da tecnologia utilizada.

A construção é guiada por modelos digitais em 3D, permitindo maior precisão e personalização na criação das estruturas.

Vantagens da Impressão 3D na Construção: A utilização da impressão 3D na construção oferece diversas vantagens em comparação aos métodos tradicionais.

Primeiramente, o processo é mais rápido e eficiente, reduzindo significativamente o tempo de construção.

Além disso, a impressão 3D possibilita a produção de estruturas complexas e formas geométricas customizadas, que seriam difíceis ou até impossíveis de se obter com métodos convencionais.

Outra vantagem é a redução de resíduos de construção, uma vez que a impressão 3D utiliza apenas a quantidade necessária de material, minimizando o desperdício.

Sustentabilidade na Impressão 3D de Construções: A impressão 3D de construções também se destaca pela sua abordagem sustentável.

A tecnologia permite a utilização de materiais mais sustentáveis, como concretos de baixo impacto ambiental e materiais reciclados.

Além disso, a redução de desperdício de materiais e a eficiência energética durante o processo de impressão contribuem para a redução da pegada ambiental da construção.

Aplicações da Impressão 3D na Construção: A impressão 3D de construções possui diversas aplicações potenciais.

Ela pode ser utilizada na construção de moradias acessíveis, na criação de estruturas de infraestrutura, na fabricação de componentes arquitetônicos personalizados, como fachadas e elementos decorativos, e até mesmo na construção de edifícios de grande porte.

A versatilidade da impressão 3D abre caminho para a inovação e a criação de soluções arquitetônicas únicas.

Desafios e Oportunidades: Apesar das vantagens, a impressão 3D de construções ainda enfrenta desafios a serem superados, como a necessidade de desenvolvimento de padrões e regulamentações, a escalabilidade da tecnologia e a aceitação no mercado.

No entanto, esses desafios também representam oportunidades para empreendedores inovadores que desejam explorar essa tecnologia em crescimento.

Aqueles que dominarem a impressão 3D de construções e desenvolverem soluções criativas poderão se posicionar como líderes nesse setor emergente.

Robótica e Automação:

A robótica e a automação estão desempenhando um papel cada vez mais importante na indústria da construção civil.

A utilização de robôs e sistemas automatizados traz uma série de benefícios, como maior eficiência, precisão e segurança nos processos construtivos.

A seguir, serão desenvolvidos e aprofundados alguns pontos-chave relacionados a esse tema:

Tipos de Robôs e Automação na Construção Civil: Existem diversos tipos de robôs e sistemas automatizados que podem ser aplicados na construção civil.

Isso inclui robôs de alvenaria, que são capazes de posicionar tijolos e blocos com alta precisão e velocidade, robôs de soldagem, utilizados em processos de soldagem de estruturas metálicas, e robôs de demolição, que podem realizar tarefas de demolição de forma controlada e segura.

Além disso, há sistemas de automação que otimizam processos como a movimentação de materiais, a colocação de revestimentos e o acabamento de superfícies.

Benefícios da Robótica e Automação na Construção: A introdução da robótica e automação na construção civil traz uma série de benefícios.

Em primeiro lugar, a utilização de robôs e sistemas automatizados aumenta a eficiência dos processos construtivos, reduzindo o tempo necessário para a conclusão das obras.

Além disso, a precisão proporcionada pelos robôs resulta em uma qualidade superior nas construções, com menos erros e retrabalho.

Outro benefício importante é o aumento da segurança dos trabalhadores, uma vez que certas tarefas perigosas podem ser realizadas por robôs, reduzindo os riscos de acidentes.

Desafios e Oportunidades da Robótica e Automação: A implementação da robótica e automação na construção civil enfrenta desafios, como o alto custo inicial de aquisição e instalação dos equipamentos, a necessidade de treinamento e capacitação dos profissionais envolvidos e a adaptação das normas e regulamentações existentes.

No entanto, esses desafios também abrem oportunidades para empreendedores que desenvolvem soluções inovadoras nesse campo.

Aqueles que investem em pesquisa e desenvolvimento, criam parcerias estratégicas e se mantêm atualizados com as tendências tecnológicas podem se destacar nesse mercado em crescimento.

Integração entre Humanos e Máquinas: Embora a robótica e a automação possam substituir algumas tarefas anteriormente realizadas por trabalhadores humanos, é importante destacar que a integração entre humanos e máquinas é um aspecto chave.

A colaboração entre humanos e robôs pode resultar em uma combinação poderosa, em que os robôs assumem tarefas repetitivas e perigosas, liberando os trabalhadores para atividades mais complexas e criativas.

A interação e cooperação entre humanos e máquinas requer o desenvolvimento de sistemas de interface intuitivos e a capacitação dos trabalhadores para operar e trabalhar em conjunto com os robôs e sistemas automatizados.

Tendências Futuras: A robótica e a automação na construção civil estão em constante evolução.

Novas tecnologias estão sendo desenvolvidas, como robôs colaborativos (cobots) que podem trabalhar lado a lado com os seres humanos, sistemas autônomos de construção que podem operar em locais remotos e até mesmo robôs capazes de realizar inspeções e manutenções preditivas em estruturas.

A integração dessas tecnologias com outras, como a inteligência artificial e a Internet das Coisas, promete transformar ainda mais a indústria da construção e abrir novas oportunidades de negócio para empreendedores visionários.

Energias Renováveis e Infraestrutura Energética:

A crescente conscientização sobre as mudanças climáticas e a necessidade de reduzir as emissões de gases de efeito estufa impulsionaram a transição para fontes de energia limpa e renovável.

Nesse contexto, surgem oportunidades significativas para empreendedores na área de energias renováveis e infraestrutura energética.

A seguir, serão desenvolvidos e aprofundados os principais pontos relacionados a esse tema:

Energia Solar: A energia solar é uma das formas mais populares de energia renovável atualmente.

Empreendedores podem se envolver no desenvolvimento e instalação de sistemas de energia solar fotovoltaica, tanto em escala residencial quanto comercial e industrial. Isso inclui a concepção de projetos, a instalação dos painéis solares, a integração com a rede elétrica e o monitoramento do desempenho do sistema.

Além disso, a pesquisa e desenvolvimento de novas tecnologias solares e soluções de armazenamento de energia solar também representam oportunidades de negócio.

Energia Eólica: A energia eólica é outra fonte de energia renovável em ascensão.

Empreendedores podem se envolver no desenvolvimento de parques eólicos, desde a identificação e análise de locais com potencial eólico favorável, até a instalação e manutenção de turbinas eólicas.

Além disso, a pesquisa e o desenvolvimento de tecnologias mais eficientes e aerogeradores inovadores são áreas promissoras para empreendedores.

Biomassa: A biomassa é uma fonte de energia renovável que utiliza materiais orgânicos, como resíduos agrícolas, florestais e industriais, para a geração de energia.

Empreendedores podem explorar oportunidades na produção de biogás, biodiesel, bioetanol e biomassa para fins de aquecimento e geração de eletricidade.

Além disso, a pesquisa e o desenvolvimento de tecnologias de conversão de biomassa mais eficientes e sustentáveis representam um campo promissor.

Armazenamento de Energia: O armazenamento de energia é um componente essencial para a integração bem-sucedida de fontes intermitentes de energia renovável, como a solar e eólica.

Empreendedores podem buscar soluções inovadoras de armazenamento de energia, como baterias de íons de lítio, sistemas de armazenamento térmico, hidrogênio verde e tecnologias avançadas de armazenamento em larga escala.

O desenvolvimento de soluções eficientes e econômicas de armazenamento de energia é crucial para garantir a estabilidade e a confiabilidade dos sistemas de energia renovável.

Redes Inteligentes: As redes inteligentes, também conhecidas como redes elétricas inteligentes ou smart grids, são infraestruturas que integram tecnologias de comunicação, controle e monitoramento para otimizar o fluxo de energia e melhorar a eficiência do sistema elétrico.

Empreendedores podem se envolver no desenvolvimento de soluções para redes inteligentes, incluindo sensores, medidores inteligentes, sistemas de gerenciamento de energia e plataformas de análise de dados.

As redes inteligentes desempenham um papel fundamental na integração de fontes de energia renovável e na promoção do consumo consciente e eficiente de energia.

Perspectivas e Recomendações para os Futuros Empreendedores na Engenharia Civil

Para os futuros empreendedores na engenharia civil, é importante estar atento às mudanças do setor e se preparar para enfrentar os desafios e aproveitar as oportunidades.

Algumas perspectivas e recomendações incluem:

Desenvolver habilidades de gestão e liderança:

Um aspecto crucial para o sucesso de empreendedores na engenharia civil.

Além do conhecimento técnico, é importante ter a capacidade de gerenciar equipes, tomar decisões estratégicas e liderar o crescimento do negócio.

A seguir, serão aprofundados os principais pontos relacionados a esse tema:

Gestão de Equipes: Para um empreendedor, a capacidade de gerir equipes de forma eficaz é fundamental.

Isso envolve a contratação adequada de profissionais qualificados, a definição de papéis e responsabilidades claras, o estabelecimento de metas e prazos, a motivação da equipe e a resolução de conflitos.

Além disso, é importante desenvolver habilidades de comunicação e liderança para inspirar e engajar os membros da equipe.

Tomada de Decisões Estratégicas: A habilidade de tomar decisões estratégicas é essencial para o sucesso empresarial.

Os empreendedores devem ser capazes de analisar dados, identificar oportunidades, avaliar riscos e tomar decisões embasadas.

Isso requer uma combinação de pensamento analítico, visão de longo prazo e intuição empresarial.

Além disso, é importante estar aberto a aprender com os erros e ajustar as estratégias conforme necessário.

Liderança: A liderança eficaz é fundamental para inspirar e motivar a equipe, alinhar os objetivos organizacionais, promover a colaboração e impulsionar o crescimento do negócio.

Um líder deve ser capaz de comunicar de forma clara e empática, tomar decisões difíceis, delegar tarefas de maneira adequada e desenvolver as habilidades e o potencial dos membros da equipe.

Além disso, um bom líder deve ser um exemplo de ética, integridade e respeito no ambiente de trabalho.

Cultura da Inovação: A inovação é um fator chave para se manter competitivo no mercado.

Empreendedores devem fomentar uma cultura de inovação dentro da empresa, incentivando a criatividade, a experimentação e o aprendizado contínuo.

Isso pode ser feito por meio da promoção de espaços de colaboração, da valorização de ideias e iniciativas inovadoras, da busca por novas tecnologias e soluções, e da criação de um ambiente que encoraje a livre expressão e o debate construtivo.

A cultura da inovação deve estar presente em todos os níveis da organização, desde a liderança até os membros da equipe, e ser sustentada ao longo do tempo.

Desenvolver habilidades de gestão e liderança e fomentar uma cultura de inovação são aspectos essenciais para o sucesso empreendedor na engenharia civil.

Essas habilidades e atitudes irão permitir que os empreendedores enfrentem os desafios do mercado, tomem decisões estratégicas, gerenciem equipes de forma eficaz e impulsionem a inovação e o crescimento do negócio.

Estabelecer parcerias estratégicas:

Estabelecer parcerias estratégicas é uma estratégia importante para empreendedores na engenharia civil.

Ao buscar colaborações com outras empresas, instituições de pesquisa e startups, os empreendedores podem obter uma série de benefícios que impulsionam o crescimento e a competitividade do negócio.

A seguir, serão desenvolvidos os principais pontos relacionados a esse tema:

Colaborações em Projetos: Através de parcerias estratégicas, os empreendedores podem colaborar em projetos conjuntos que exigem competências complementares.

Ao unir recursos, conhecimentos e experiências, é possível enfrentar desafios complexos e desenvolver soluções inovadoras.

Essas colaborações podem resultar em maior eficiência, redução de custos, acesso a novos mercados e ampliação das capacidades técnicas da empresa.

Compartilhamento de Recursos: As parcerias estratégicas podem envolver o compartilhamento de recursos, como equipamentos, instalações e pessoal especializado.

Isso pode resultar em redução de custos operacionais, otimização do uso de recursos e aumento da capacidade produtiva.

Além disso, o compartilhamento de recursos também pode permitir a realização de projetos maiores e mais complexos, que não seriam viáveis para uma única empresa.

Acesso a Novas Tecnologias e Inovação: Ao estabelecer parcerias estratégicas com instituições de pesquisa e startups, os empreendedores podem ter acesso a novas tecnologias, metodologias e conhecimentos especializados.

Isso pode impulsionar a inovação dentro da empresa, permitindo a adoção de práticas mais avançadas e o desenvolvimento de soluções diferenciadas.

Além disso, a colaboração com instituições de pesquisa pode abrir portas para a participação em projetos de pesquisa e desenvolvimento financiados por agências governamentais ou programas de fomento à inovação.

Oportunidades de Crescimento Conjunto: As parcerias estratégicas podem proporcionar oportunidades de crescimento conjunto, especialmente quando empresas com interesses complementares se unem.

Isso pode envolver a expansão para novos mercados, o desenvolvimento de novos produtos ou serviços, a diversificação de portfólio e a criação de sinergias que beneficiem ambas as partes.

As parcerias estratégicas também podem facilitar a entrada em projetos de grande escala, nos quais o conhecimento e a expertise combinados resultam em uma oferta mais robusta e competitiva.

Acompanhar as tendências e regulamentações:

Acompanhar as tendências e regulamentações é uma prática essencial para empreendedores na engenharia civil.

O setor está constantemente evoluindo e enfrentando mudanças significativas, seja em termos de tecnologia, demanda do mercado ou requisitos legais.

A seguir, serão desenvolvidos os principais aspectos relacionados a esse tema:

Identificação de Oportunidades: Acompanhar as tendências emergentes permite que os empreendedores identifiquem oportunidades de negócio promissoras.

Isso pode envolver o reconhecimento de demandas crescentes por soluções específicas, como construções sustentáveis, infraestrutura inteligente ou energia renovável.

Além disso, estar atento às tendências também pode revelar novos mercados, nichos de atuação ou necessidades ainda não atendidas pelos concorrentes.

Ao antecipar e se adaptar às mudanças do setor, os empreendedores podem posicionar seus negócios de forma estratégica e obter vantagens competitivas.

Conformidade Legal e Regulatória: O setor da engenharia civil está sujeito a uma série de regulamentações e normas técnicas, que visam

garantir a segurança, a qualidade e a
sustentabilidade das construções.

Acompanhar as mudanças nessas regulamentações é
fundamental para garantir a conformidade legal e
evitar problemas jurídicos e financeiros.

Além disso, a não conformidade pode levar a atrasos
em projetos, penalidades e até mesmo danos à
reputação da empresa.

Portanto, manter-se atualizado sobre as
regulamentações vigentes e as mudanças que
possam surgir é crucial para operar de forma ética,
responsável e em conformidade com as exigências
legais.

Adoção de Inovações Tecnológicas: Acompanhar as
tendências tecnológicas é essencial para a inovação e
a melhoria contínua dos serviços oferecidos.

A engenharia civil está passando por uma rápida
transformação digital, com o surgimento de novas
tecnologias, como o Building Information Modeling
(BIM), realidade aumentada, inteligência artificial e
automação.

Estar atento a essas tendências permite que os empreendedores adotem soluções inovadoras, otimizem processos, melhorem a eficiência e ofereçam serviços diferenciados aos clientes.

Além disso, acompanhar as tendências tecnológicas também pode ajudar a identificar novas oportunidades de negócio relacionadas a essas tecnologias emergentes.

Antecipação de Mudanças do Mercado: Acompanhar as tendências do mercado permite que os empreendedores se adaptem às mudanças nas preferências dos clientes, nas demandas do setor e nas expectativas do mercado.

Isso envolve estar atento às novas necessidades dos clientes, às tendências de consumo, às mudanças demográficas e aos avanços tecnológicos que podem impactar a indústria da engenharia civil.

Ao antecipar essas mudanças, os empreendedores podem se preparar adequadamente, ajustar suas estratégias de negócio, diversificar seus serviços e manter-se competitivos em um ambiente em constante evolução.

Cultivar uma mentalidade empreendedora:

Cultivar uma mentalidade empreendedora é essencial para os empreendedores que desejam ter sucesso na engenharia civil.

Essa mentalidade é caracterizada por uma série de características e atitudes que promovem a busca de oportunidades, a tomada de riscos calculados e a resiliência diante dos desafios.

A seguir, serão desenvolvidos os principais aspectos relacionados a esse tema:

Busca de Oportunidades: Uma mentalidade empreendedora envolve estar constantemente atento às oportunidades ao seu redor.

Isso inclui identificar necessidades não atendidas no mercado, identificar lacunas na indústria ou encontrar maneiras inovadoras de melhorar os produtos e serviços existentes.

Os empreendedores com uma mentalidade empreendedora estão sempre em busca de novas possibilidades e estão dispostos a assumir riscos calculados para aproveitar essas oportunidades.

Persistência e Resiliência: O caminho do empreendedorismo é repleto de desafios e obstáculos.

A mentalidade empreendedora envolve a capacidade de persistir diante das adversidades e superar os obstáculos que surgem ao longo do caminho.

Isso requer resiliência, a habilidade de se recuperar rapidamente de fracassos e aprender com os erros.

Os empreendedores com uma mentalidade empreendedora veem os desafios como oportunidades de aprendizado e crescimento, e não como fracassos definitivos.

Inovação e Aprendizado Contínuo: A inovação é um elemento central da mentalidade empreendedora.

Os empreendedores estão sempre em busca de maneiras de melhorar, de encontrar soluções mais eficientes, de desenvolver novas ideias e de se adaptar às mudanças do mercado.

Isso requer uma disposição para experimentar, testar novas abordagens e estar aberto ao aprendizado contínuo.

Os empreendedores com uma mentalidade empreendedora entendem que o conhecimento é uma ferramenta poderosa e estão sempre buscando ampliar suas habilidades e conhecimentos.

Pensamento Estratégico: Uma mentalidade empreendedora também envolve um pensamento estratégico.

Os empreendedores são capazes de avaliar a situação atual, definir metas claras e desenvolver planos de ação para alcançá-las.

Eles são capazes de identificar os recursos necessários, as parcerias estratégicas e as etapas necessárias para atingir seus objetivos.

Essa abordagem estratégica permite que os empreendedores tomem decisões informadas e maximizem suas chances de sucesso.

Conclusão

Chegamos ao fim deste livro, que explorou o empreendedorismo na engenharia civil de forma abrangente e detalhada.

Agora, nesta conclusão, é importante recapitular os principais pontos abordados ao longo dos capítulos e fornecer um estímulo final para você se envolver no empreendedorismo na engenharia civil.

Ao longo das páginas, discutimos a importância do empreendedorismo na indústria da engenharia civil e como ele desempenha um papel fundamental no desenvolvimento e no progresso do setor.

Enfatizamos que ser empreendedor na engenharia civil vai além do conhecimento técnico; requer uma mentalidade inovadora, habilidades de gestão e uma visão de longo prazo.

No capítulo sobre os fundamentos do empreendedorismo, definimos o conceito e destacamos a importância de buscar oportunidades, assumir riscos calculados e criar valor no mercado.

Também discutimos as características e habilidades que um empreendedor na engenharia civil deve possuir, como a criatividade, a resiliência, a capacidade de liderança e a habilidade de se adaptar a um ambiente em constante mudança.

Ao abordar a identificação de oportunidades de negócios na engenharia civil, exploramos diferentes aspectos, como a identificação de lacunas no mercado, a análise de demandas emergentes e tendências na indústria, bem como as novas tecnologias e inovações que estão impulsionando a engenharia civil.

Também enfatizamos a importância de identificar necessidades não atendidas e problemas a serem resolvidos como oportunidades para empreender.

No capítulo sobre a elaboração do plano de negócios, discutimos os componentes essenciais que devem fazer parte desse documento fundamental.

Desde a análise de mercado e concorrência até a definição de metas e estratégias, além da estrutura organizacional e gestão do negócio, enfatizamos a importância de um plano sólido para orientar e direcionar as ações do empreendedor.

A questão do financiamento e da viabilidade também foi abordada, destacando as diferentes fontes de financiamento disponíveis para empreendedores na engenharia civil, a análise de viabilidade financeira e econômica, bem como as estratégias para obter financiamento e parcerias estratégicas.

Salientamos a importância de uma abordagem cautelosa e realista na busca de recursos financeiros, bem como a necessidade de demonstrar a viabilidade e o potencial de retorno do negócio.

O capítulo sobre gerenciamento de projetos e execução trouxe à tona as práticas eficazes de gerenciamento de projetos na engenharia civil.

Discutimos a importância de uma gestão adequada de recursos e prazos, o monitoramento e controle de projetos, bem como a maneira de lidar com os desafios e riscos inerentes à execução de projetos de engenharia civil.

Enfatizamos a importância de uma abordagem sistemática e organizada para garantir o sucesso dos empreendimentos.

No tocante a marketing e estratégias de crescimento, destacamos a importância do desenvolvimento de uma marca forte e uma identidade empresarial consistente.

Abordamos estratégias de marketing específicas para empreendedores na engenharia civil, incluindo a utilização de plataformas digitais, networking e parcerias estratégicas.

Também exploramos a expansão de negócios e a busca de novas oportunidades como parte do processo de crescimento contínuo.

A ética e a responsabilidade social empreendedora foram temas abordados no respectivo capítulo, ressaltando a importância de uma conduta ética nos negócios e a responsabilidade social e ambiental na engenharia civil.

Discutimos abordagens sustentáveis e práticas socialmente responsáveis que podem ser adotadas pelos empreendedores, visando o desenvolvimento sustentável e o impacto positivo na sociedade.

No capítulo sobre desafios e superação, reconhecemos que empreender na engenharia civil pode apresentar diversos obstáculos.

Discutimos os desafios comuns enfrentados pelos empreendedores, desde a falta de recursos financeiros até a concorrência acirrada.

Também apresentamos estratégias para superar esses desafios, incluindo a busca de conhecimento, a construção de uma rede de apoio e a adoção de uma mentalidade resiliente.

Encorajamos você a perseverar e a enfrentar os desafios com determinação e confiança.

Considerações legais e regulatórias foram abordadas em um capítulo específico, destacando a importância de estar ciente dos aspectos legais e regulatórios relacionados aos negócios na engenharia civil.

Discutimos questões como licenciamento, certificações e conformidade com normas e regulamentos, enfatizando a necessidade de uma abordagem ética e em conformidade com as leis para o sucesso dos empreendimentos.

Por fim, exploramos o futuro do empreendedorismo na engenharia civil, discutindo as tendências emergentes e as oportunidades futuras.

Destacamos a importância da inovação e da tecnologia disruptiva na indústria, bem como as perspectivas e recomendações para os futuros empreendedores na engenharia civil.

Encorajamos a se manter atualizado com as mudanças e avanços no setor, buscando constantemente aprender e se adaptar às novas demandas e oportunidades.

Em resumo, este livro abordou de forma abrangente e detalhada o empreendedorismo na engenharia civil.

Ao recapitular os principais pontos abordados e fornecer um estímulo final, esperamos ter despertado o seu interesse e motivação para se envolver no empreendedorismo na engenharia civil.

Empreender nessa área é desafiador, mas também recompensador. Com dedicação, perseverança e um olhar atento para as oportunidades, você poderá fazer a diferença, impulsionando o progresso e a inovação na indústria da engenharia civil.

Agradeço por ter acompanhado esta jornada pelo empreendedorismo na engenharia civil. Desejo sucesso em suas futuras empreitadas e que encontre satisfação e realização ao transformar suas ideias em realidade.

Lembre-se de que o empreendedorismo é uma jornada contínua, e o aprendizado e o crescimento nunca param.

Seja audacioso, persistente e, acima de tudo, apaixonado pelo que faz. O futuro está nas mãos daqueles que se atrevem a empreender.

Milton Keynes UK
Ingram Content Group UK Ltd.
UKHW010027090224
437518UK00012B/1048